华侨大学教材建设资助项目

海外华裔青少年传统文化系列读物

贾益民 主编

品味中国饮食

罗燕玲 编著

暨南大学出版社
JINAN UNIVERSITY PRESS

中国·广州

图书在版编目（CIP）数据

品味　中国饮食／罗燕玲编著．—广州：暨南大学出版社，2024.6
（海外华裔青少年传统文化系列读物／贾益民主编）
ISBN 978－7－5668－3884－1

Ⅰ.①品…　Ⅱ.①罗…　Ⅲ.①饮食—文化—中国—青少年读物　Ⅳ.①TS971.202－49

中国国家版本馆 CIP 数据核字（2024）第 047587 号

品味　中国饮食
PINWEI　ZHONGGUO YINSHI
编著者：罗燕玲

出 版 人：阳　翼
项目统筹：杜小陆
责任编辑：潘江曼　梁念慈
责任校对：刘舜怡　潘舒凡
责任印制：周一丹　郑玉婷

出版发行：暨南大学出版社（511434）
电　　话：总编室（8620）31105261
　　　　　营销部（8620）37331682　37331689
传　　真：（8620）31105289（办公室）　37331684（营销部）
网　　址：http://www.jnupress.com
排　　版：广州良弓广告有限公司
印　　刷：广州市友盛彩印有限公司
开　　本：850mm×1168mm　1/32
印　　张：5.5
字　　数：150 千
版　　次：2024 年 6 月第 1 版
印　　次：2024 年 6 月第 1 次
定　　价：32.80 元

总　序

中华传统文化源远流长，博大精深。中华民族形成和发展过程中产生的各种思想文化，记载了中华民族在长期奋斗历程中开展的精神活动，进行的理性思考和创造的文化成果，反映了中华民族的共同精神追求，其中的核心内容已经成为中华民族最根本的文化基因。

中华优秀传统文化融汇孕育的哲学理念、道德思想、美学品格、人文精神等构成了不朽的文化思想经典，造就了中华民族特有的价值取向、思维方式和审美情趣。生活在世界近200个国家和地区的6000余万华侨华人，身处不同国家、不同民族、不同地区文化差异和交融的多元文化环境之中，经历了持续的文化流变，深受多样态文化的碰撞，更面临着如何在融入当地社会的同时，又避免失去自身民族文化特质的挑战。近年来，随着中国综合国力的提升，国际影响力的扩大，尤其是伴随着"一带一路"倡议的实施和推进，世界上学习中文的人数逐年增加，"华文热""汉语热"持续升温，其中华侨华人为此做出了巨大的贡献。一直以来，广大华侨华人在重视华裔子弟民族语言传承的同时，其实更加重视中华优秀传统文化的学习与传承，因为中华优秀传统文化是他们的“根”之所在，是他们的“魂”之所在，也是他们的“梦”之所在。

“文化构建精神家园。”中华优秀传统文化是中华民族的血脉，更是中华民族共同的精神家园。中华优秀传统文化的传承和弘扬，要结合新的时代条件才能有效落实。为吸引海外华裔青少年有兴趣深入学习和了解中华文化，欣赏中华文化，我们组织编写了这套“海外华裔青少年传统文化系列读物”。每册读本紧密围绕中华优秀传统文化的一个主题进行聚焦式深度呈现，融知识性、故事性、趣味性与文化性为一体，可读性强；同时，科学控制文本字数、词汇难度和段落长度，以适应华裔子弟的华文阅读水平。希望“海外华裔青少年传统文化系列读物”的出版，能为海外华裔青少年学习、体验、感悟、欣赏中华优秀传统文化提供一条新的“文化通道”，并作为海外华文教育教学的参考读物，助力提高华文教学质量，提升华裔青少年的华文水平，为中华文化国际传播做出应有的贡献。

是为序。

贾益民

2019 年 2 月

前　言

中华优秀传统文化是中华民族的精神命脉，是中华民族最深厚的文化软实力。一方面，中华传统文化作为全世界华人共同的精神家园应当得到传承；另一方面，中华传统文化作为人类文明的瑰宝应当向世界广泛传播。而华侨华人是中华文化走向世界的重要桥梁。从历史上看，中华文化的国际传播很多时候都是伴随着中国人走向海外才得以实现的。海外各国人民通过与华侨华人的交流，逐步了解中华文化，这种传播方式的效果是任何其他方式难以替代的。

广大华裔青少年虽久居海外，但仍具有学习中华传统文化的内在需求，这种需求随着中国综合国力的提升和影响力的扩大而日益强烈。青少年代表着未来和希望，华裔青少年认知、欣赏并传承中华传统文化，是中华文化根脉在海外华侨华人身上永续流传的重要保证。我们编写这套“海外华裔青少年传统文化系列读物”，就是为了帮助海外华裔青少年了解中华优秀传统文化，促进中华优秀传统文化的传承与传播。

《品味　中国饮食》是“海外华裔青少年传统文化系列读物”之一。吃与喝，是每个人每天都要做的事情。饮食，尽管表面上看是一道道由各种食材组合而成的菜，供人果腹，进而满足味蕾之愉悦，可它也代表着文化。饮食的这种文化，代表着人内心最深处的记忆，我们都知道，小时候吃过的食物的味道会让人记得一辈子。中国人走遍世界，其他方面或许都能适应，可唯一难以适应的就是中国胃。正因为如此，中餐馆才会开遍全世界，同时也试图用中国美食去征服世界人的胃。几千年来，中国人在不断摸索和前进中，发掘出了一系列的饮食方式，形成了中国独特的饮食文化。饮食已经不仅仅是生理上的需要，更承载着丰富多彩的精神财富，反映出中国文化独特的另一个方面，是中华民族文化中一朵绚丽多姿的奇葩。

中国地大物博，物产丰富，同时地理环境复杂多样，不同的地域有着不同的物产，因此在饮食上也形成了多种风味。长期以来，中国一直有着“南米北面”的说法，口味上有“南甜北咸东辣西酸”之分。由于地理、气候、习俗、特产的不同，形成了不同的地方风味，就汉族的饮食特点而言，有八大菜系之分：鲁、川、粤、湘、苏、浙、徽、闽菜系。各大菜系交相辉映，各有千秋，成为中华民族珍贵的文化瑰宝！另外，在饮食上，中国还特别注重酒文化和茶文化。除了日常的主食和菜品外，酒和茶更是饮食史上不可或缺的一部分。“无酒不成席”的观念由来已久。高兴时，饮酒作乐，可陶冶情操；难过时，饮酒消愁，可忘却烦恼。开门七件事“柴米油盐酱醋茶”，可见茶也是饮食中重要的一部分。中国境内的茶有很多种类，每一种茶都承载着不同地区的风土人情。

前　言

《品味　中国饮食》的编写，旨在通过“饮食”这一载体，让海外华裔青少年感知、领悟、传承中华传统文化，进而推动中华传统文化更好地走向世界。为此，本书精选了12个饮食文化专题，编为12课，既普及相关的饮食历史知识、饮食特点，又介绍与特定菜品相关的历史典故；既寻根溯源，又延展到食俗在当代的发展、变化。

在本书中，每课设7个板块：

一、饮食夜话。该部分以轻松活泼的对话，引领读者步入特定饮食场景。

二、饮食讲坛。该部分以图文并茂的方式对专项饮食内容涉及的知识进行详细的阐释，帮助读者更全面了解相关的饮食特点。

三、人间至味。该部分介绍一道舌尖上的代表性名菜。

四、千古食趣。该部分讲述一道与美食名家相关菜品的有趣故事。

五、书人说吃。该部分为拓展内容，选择与该课主题相关的菜品或茶或酒，精选名家作品中对该菜品或茶或酒的精彩描述，帮助华裔青少年更深入地了解中华饮食文化，弘扬中国传统文化，在此，也希望得到各位读者的支持。

六、节庆食俗。该部分让读者了解到不同节气、传统节日与饮食之间的密切联系。

七、饮食词语。该部分解读一个饮食文化词语的内涵及其应用。

考虑到本书的读者主要是海外华裔青少年，我们在编写时做了以下两点特殊安排：第一，“饮食夜话”这一部分出现的人物是一位来华留学的华裔女大学生和一位在读的中国男大学生，这样的人物设置更贴近读者的生活，缩小了读者和本书之间的心理距离。同时，对话的呈现形式也有利于读者理解。第二，“饮食讲坛”“人间至味”等板块的文本严格控制字数、字词难度，通常选择相对简单、易于理解的词汇，个别难点词句标注释义，生僻字标注拼音。

本书既可以作为中华饮食文化课的教材或配套读本，又可供有兴趣的读者自行阅读。我们真诚地希望本书能够为海外华裔青少年提供一个平台，帮助他们走进中国饮食文化的世界。

人物介绍

李 芳

来华留学的华裔女大学生。

王 强

在读的中国男大学生。

品味 中国饮食

目录

contents

第一课

南米北面

饮食夜话

李　芳：今天晚上吃什么？

王　强：吃面条吧。

李　芳：啊，又吃面条！

王　强：在家里的时候，我们家一般是早上喝疙瘩（gēda）汤，中午吃馒头、喝米汤，晚上吃面条。十多年来，基本天天如此，一天不吃面条就不爽快。

李　芳：说实话，我从小就看到周围人都在吃米饭，吃米粉……小时候从来不知道人类除了吃米还有什么其他选择。直到我长大了，在学校第一次吃到了面条……

王　强：我和我弟弟特别能吃，上初中时一餐最少吃两碗面条。到了南方念书，吃不惯这边的面条，因为这边的面条太细，没有嚼劲。后来终于找到了“组织”，每天往卖兰州拉面和热干面的地方跑，生活总算还过得去了。

李　芳：其实很多南方人和我一样也爱面食，但天天以面食作为主食可能就不太能适应了，心里总是会想着要吃点米饭才踏实。毕竟这是我们从小养成的习惯。

王　强：是啊，就像我们北方的粽子甜的居多，而南方的粽子大多是咸的。

李　芳：对，还有汤圆、月饼，也有甜咸之分……

饮食讲坛

南米北面

中国地域辽阔，地理环境多样，气候条件丰富。从先秦开始，中国人就形成了“五谷为养、五果为助、五畜为益、五菜为充”① 的饮食传统。这意味着中国汉民族的基本饮食结构是以粮食为主食，鱼肉蛋奶菜为副食。米食和面食是汉族主食的两大类型。中国人自古就有吃羊肉的习惯。汉字“美”的造型和原义为“羊大为美”，即与食羊有关。在中国农村，猪肉和鸡肉是中国常见的肉类食品。由于中国人很早就发展了家禽养殖（yǎngzhí）业，蛋类也是中国人常吃的食品。而沿海地区的居民则以海产品为副食。中国人吃的蔬菜品种非常丰富，常见的有白菜、萝卜、茄子、黄瓜、豆角、韭菜、冬瓜、菌类、笋以及各种菜豆和野菜。各种蔬菜的根、茎、叶生熟可吃，可晾干储藏，亦可腌制（yānzhì）成各式小菜，让菜的口感和味道尽可能丰富。

“南米北面”的饮食习惯是由于南北的气候不同造成的。中国南方高温多雨，耕地（gēngdì）多以水田为主，当地农民多种水稻；北方雨水少，气温较低，适合小麦生长。在北方，至今仍然是“冬吃饺子夏吃面”，北方人的午饭和晚饭普遍偏向于吃面食，如烙饼、馒头或者面条，花样繁多。在南方，人们普遍会在中午和晚上煮米饭，再炒几个菜来搭配米饭。无论是“南米”还是“北面”，都是中华饮食的重要组成

---

① 五谷为养、五果为助、五畜为益、五菜为充：出自《黄帝内经·素问》，大意为谷物（主食）是人们赖以生存的根本，而水果、蔬菜和肉类等都是主食的辅助、补益和补充。“五谷为养”是指稻、黍（shǔ）、稷（jì）、麦、菽（shū）等谷物和豆类作为养育人体之主食；“五果为助”指枣、李、杏、栗、桃等水果，有助于养身和健身；“五畜为益”指牛、犬、羊、猪、鸡等禽畜肉食，对人体有补益作用，能增补五谷主食营养的不足；“五菜为充”则指葵（kuí）、韭（jiǔ）、薤（xiè）、藿（huò）、葱（cōng）等蔬菜的气味不同，可通过其酸、苦、甘、辛、咸的性味来调节脏腑的气机。

部分，南米北面的差异更是中华饮食文化的独特风采。

俗话说“开门七件事”：“柴、米、油、盐、酱、醋、茶。”唐朝诗人李绅（Lǐ Shēn）所写的“锄禾日当午，汗滴禾下土。谁知盘中餐，粒粒皆辛苦”也体现了中国人对于米的重视程度。稻米是人类最重要的粮食作物和主食之一，而中国是全世界水稻栽培（zāipéi）最早的国家。早在7000年前，长江流域（liúyù）就开始种植水稻。每年春天，稻子从一丛丛青翠的秧苗，到秋天变为沉甸甸的金黄稻谷，使人们充满了收获的幸福和喜悦。按照各地的饮食习俗，人们可将其做成吃法多样、口味丰富的米食。现在大米已经成为长江流域及以南地区人们的主粮。在中国南方地区还有一种非常流行的米食——米粉。米粉是什么呢？它是以大米为原料，经过浸泡（jìnpào）、蒸煮（zhēngzhǔ）和压条等工序（gōngxù）制成的条状、丝状的米制品，而不是简单理解为用大米研磨（yánmó）成的粉。在中国北方，馒头、面条、饺子、饼等备受人们喜爱。中国人大约在公元3世纪就掌握了面粉发酵（fājiào）技术，用易于发酵的米汤作“引子”发面，后来又尝试用碱（jiǎn）中和发面。而蒸笼（lóng）、煎铛（jiānchēng）等炊具的发明和使用，进一步丰富了面食的种类。人们用小麦粉、玉米面、高粱面、豆面、荞麦（qiáomài）面、莜麦（yóumài）面等做成形式多样的面食，根据个人的口味偏好，有炒着吃的、炸着吃的、焖（mèn）着吃的、蒸着吃的、烩（huì）着吃的、煨（wēi）着吃的，等等。在中国的面食之乡山西省，有据可查的面食就有280多种。

虽然中国有南稻北麦的农业分布，并形成了南方人爱吃米、北方人离不开面食的现象，但伴随着南北的交流融合，人们的饮食习惯也出现了变化。现在无论在南方还是北方，面条都是中国人吃得最多的面食之一。百里不同风，千里不同俗，每个地区的面食都不一样，有兰州拉面、北京炸酱面、山西刀削面、四川担担面、吉林延吉冷面、河南烩面、杭州片儿川、昆山奥灶面、武汉热干面和镇江锅盖面等，中国种类繁多的面条做法不由得让人感到惊讶和赞叹。人们根据祖辈传承下来的技术和自己的喜好，以丰富的想象力和创造力让面食呈现出千姿百态的样貌和变幻无穷的口感，形成了富有地方特色的面食文化。

南北地域饮食图

“民以食为天”道出了“吃”的重要性。中国人在饮食上追求美感与愉悦，讲究色、香、味、形俱佳。这令无数的美食随着地域和时间的变化不断改良和开放，进化出鲁菜、川菜、粤菜、苏菜等不同的菜系，演绎出了不同地方的美食特色。中国饮食文化源远流长，无论“南米”还是“北面”，都是中华饮食的重要组成部分，南米北面的差异更是中华饮食文化的独特光彩！

人间至味

扬州炒饭

中国很多地方都有炒饭，用鸡蛋炒饭叫蛋炒饭，用海鲜炒饭叫海鲜炒饭，此外，还有榨菜肉丝炒饭、杂锦炒饭等。其原理都很相似，就是把家常剩饭加些原料，在锅里重新翻炒加热，这样既省时省力又具有一定的营养价值。

在中国各个经营淮扬（Huái Yáng）风味的餐馆里，扬州炒饭都是当家主食。而在川、粤、鲁风味的菜单上，扬州炒饭照样有一席之地。扬州炒饭甚至跨越国界，落脚于有华人的世界各个角落，成为中餐文化的一个标志性符号。这是为什么呢？

相传吴王夫差（Fūchāi）开运河的时候，船娘创制了蛋炒饭。成书于隋（Suí）代的《食经》中载越国公杨素爱吃碎金饭（又称“金镶银”，即扬州炒饭前身）。清嘉庆年间，扬州太守伊秉绶（Yī Bǐngshòu）借鉴扬州“面有浇头”的做法，改进了扬州炒饭。改进后便传至扬州士绅、盐商家厨，乃至酒楼饭店。鸦片战争以后，不少华人赴海外经商谋生，扬州炒饭由此传遍世界各地。

扬州炒饭的主料除了米饭和鸡蛋以外，还有火腿、虾仁、鸡丁、肉丁、海参、花菇、青豆、笋丁八样配料，这些配料都远比米饭要名贵、美味，但炒饭的目的是把米饭这个最基本的主料做好，所有的工艺步骤都要围绕着这个原则展开。扬州炒饭的亮点就在于：米饭要粒粒分明，任意两粒不可粘连在一起且每粒都松软、鲜香，足够入味；蛋花即所谓的“碎金”，要“形如木樨（mùxi）”，即桂花。

扬州炒饭遍及世界很多国家，许多外国人都喜欢吃扬州炒饭，却不知道其中的“扬州”是怎么一回事，在他们的头脑中扬州并不是地名，而误认为是这种炒饭的做法。扬州炒饭可以是一门高深的烹饪技艺，也可以是自家厨房中妈妈的味道。而对于在外漂泊的游子来说，它代表的是乡愁和中华文化。

扬州炒饭

千古食趣

张仲景与饺子

饺子是中国独有的一种传统美食，到现在已有近两千年的历史了。在中国，逢年过节人们多喜欢吃饺子，尤其在北方，饺子深受老百姓的喜爱，百食不厌。

饺子最早的时候叫作娇耳（jiāo'ěr），这与中国有“医圣”之称的张仲景（Zhāng Zhòngjǐng）有着密切的关系。张仲景在长沙做太守时就常常为百姓除疾医病、舍药救人，深受百姓的爱戴。

当时各地爆发大规模的伤寒病，几年的时间里仅张仲景家族就有一百多人生病。在这种情况下，张仲景毅然辞去太守之职返回家乡治病救人。张仲景从长沙返乡，走到家乡白河岸边时，看见很多穷苦百姓在寒冷的天气里忍饥挨饿，有的甚至耳朵都冻烂了。他看到后心里非常难受，下决心一定要救治他们。张仲景回到家乡后，尽管患者特别多，但他心里仍然记挂着那些耳朵被冻烂的穷苦百姓，于是他按照在长沙用过的方子，让人在一块空地上搭起大棚、架起大锅，在冬至那天开始向穷人治病舍药。

张仲景的这种方子叫“祛寒（qūhán）娇耳汤（tāng）”，即用羊肉和一些祛寒药材在锅里熬煮，再将其捞出来切碎作为馅儿，最后用面皮包好，形成耳朵状的“娇耳”，下锅煮熟后分给人们。每人两只娇耳、一碗汤，吃下后浑身发热，血液通畅，两耳变暖。老百姓从冬至吃到除夕，抵御（dǐyù）了伤寒，治好了冻耳。

由于张仲景舍药从冬至一直持续到大年三十，人们在大年初一庆祝新年，也庆祝冻烂的耳朵康复。于是后来人们就模仿娇耳的样子做过年的食物，并在初一早上吃，以纪念张仲景搭棚舍药和治愈穷人的事迹。虽然张仲景离我们已经有一千八百多年，但“祛寒娇耳汤”的故事一直在民间广为流传。

张仲景与饺子

书人说吃

炸酱面

我对炸酱的认知源于少年时代。读中学的时候，我住校，每个周日晚上返校，宿舍里的小伙伴们都会从家里带来各种食物。少不了的是各种炸酱。生活贫瘠（pínjí），炸酱不是零食，而是下饭菜，买两个馒头，再有一勺酱，就可以是一顿饭。各家的酱都不同，有的是加肉块，有的是加花生米，有的是西瓜酱，还有加黄瓜丁的，鸡蛋酱自然也少不了……林林总总，在那些年，我吃过十里八乡的巧手妈妈们做的种类繁多、各有风味的炸酱。那是清贫年代的珍贵礼物，知道在柜子某一个角落还有半罐炸酱，心里就不慌。

炸酱面在北京人心中的地位非同一般，作为一种过日子的普通吃食，它有时候气派得“犯规”。尤其是一些专卖炸酱面的连锁餐厅，门脸恢宏（huīhóng），雕梁画栋（diāoliáng huàdòng），“京味儿”过分浓厚。炸酱面的呈现也颇有阵势，跑堂伙计托着一面托盘，从中依次端出一海碗的面、六碟色彩清凉的菜码、一小碗油光可鉴的炸酱加上一碟翠色欲滴的腊八蒜，熙熙攘攘摆了一桌，有点先声夺人的意思。这种“七碟八碗”的阵仗在某些食客眼里不过徒有其表，炸酱面的灵魂他们根本摸不到。

（节选自小宽《中国的味道》）

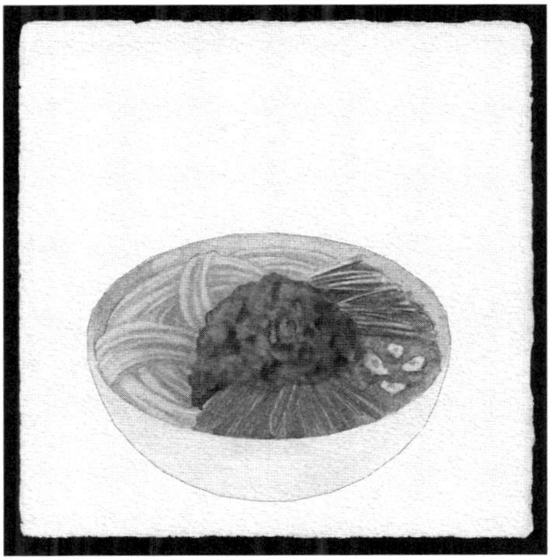

炸酱面

节庆食俗

立春——春饼

立春，为二十四节气之首。立，是“开始”之意；春，代表着温暖、生长。立春就是春季的开始，意味着新的一个年轮开启。每年2月3日至5日太阳到达黄经315°时为立春。

立春日，民间有“咬春”的习俗。唐《四时宝镜》记载：“立春，食芦、春饼、生菜，号‘菜盘’。”可见早在唐代，人们已经开始吃春盘了。杜甫在《立春》中写道：“春日春盘细生菜，忽忆两京梅发时。”“春日春盘细生菜”这句诗，道尽了春天碧青的颜色和鲜活的生机。

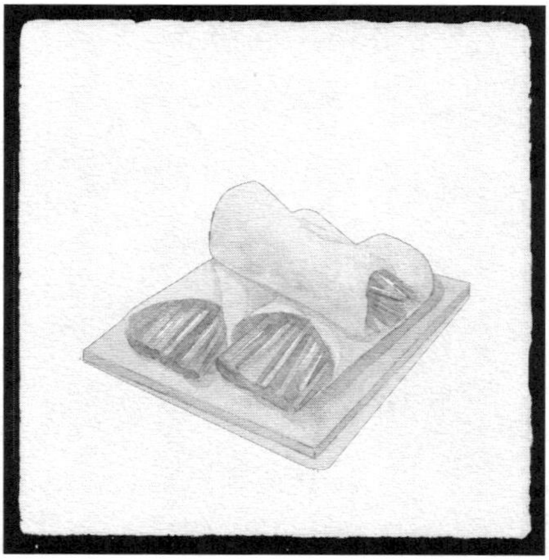

春饼

春饼是用面粉烙制或蒸制而成的一种薄饼。食用时，常常和用豆芽、菠菜、韭黄、粉条等炒成的合菜一起吃，或以春饼包菜食用。在食用时，有些人喜欢抹甜面酱、卷羊角葱食用，有的地方还讲究将酱肚丝、鸡丝、熟肉等夹在春饼里吃。

立春时，大葱冒出的嫩芽，清香脆嫩，特别是春回大地，万物复苏，嫩葱先出，人们尝鲜，也有“咬春”的意思。吃春饼讲究和菜包起来，从头吃到尾，即“有头有尾”，取吉利的意思。

饮食词语

珍馐美馔（zhēnxiū－měizhuàn）

馐：滋味好的食物。馔：饭食。形容珍贵而味道好的食物。

例：这个烤面包片抹上鹅肝酱一起吃，堪称珍馐美馔。

第二课

五味调和

饮食夜话

王　强：你吃过“荷塘（táng）月色”这道菜吗？

李　芳：没有。什么菜？这么好听的名字！

王　强：对，很多中国菜的名字都很美，光看名字猜不出到底是什么菜。

李　芳：这样呀！那你快告诉我，“荷塘月色”是什么菜呢？

王　强：其实就是一道普通的素菜，用莲藕、胡萝卜、木耳和荷兰豆搭配，颜色也非常好看，红、绿、黑、白色相间，非常富有诗情画意。

李　芳：哇，好美哦！中国菜真有创意！

王　强：中国菜很讲究食补。食材有各种颜色，通常称为“五色”；食材的味道有酸、咸、苦、甘、辛，称为“五味”。厨师在设计菜品以进行食补的时候，会结合五行理论，把五味、五色、五脏之间的关系对应起来，很复杂。

李　芳：那这道“荷塘月色”这么多颜色，看起来这么好看，吃起来肯定也是对身体很有好处的了。

王　强：聪明！杭州 G20 国宴上也有一道菜叫“荷塘月色”，南瓜作月牙，碧绿的芦笋作荷叶，还用藕和莲子呈现出西湖的荷塘景色。

荷塘月色

饮食讲坛

五味调和

我们在品尝美味佳肴（jiāyáo）时，往往会说这道菜好吃，然而，若要进一步细问为什么“好吃”，恐怕一般人就讲不清楚了。这说明，中国饮食似乎有着一种难以言传的奥妙（àomiào）。这种奥妙，关键在于它的味道。与西方“菜生而鲜、食分而餐”的饮食传统相比，中国烹饪更讲究调和之美，这是中国烹饪艺术的精妙之处。美味的产生在于调和，使食物的本味、配料和调料，交织融合在一起，使之达到中和之美的最佳味道。

自古以来，“油、盐、酱、醋”就在中国人民的生活中占有重要地位。中国人把“烹”与“调”合为一体，尤其重视调味品的作用，油、盐、酱、醋等都属于调味品。“调味”是中国饮食的核心之一，几乎每一道菜都要用两种以上的原料和多种调味品来调和烹制。注重五味平和而勿使过偏是中国饮食的一大特点。所谓“五味”，就是酸、咸、苦、甘、辛。调和的目的是使食物达到鲜美，五味调和百菜香。

古人认为五味入口要适量，“酸多伤脾，咸多伤心，苦多伤肺，甘多伤肾（shèn），辛多伤肝”。这是劝告人们对五味食物，不宜偏爱偏多，不能偏好某种味道。如果长期偏好某种食物的味道，或食用过多，可能会对人体产生不良反应，甚至致病。

酸味能去腥解腻，提升菜肴的鲜香。在烹制肉类时，酸味使肉质变得更加细嫩。当酸味和甜味结合在一起，还能使甜味变得更加特别，令人难以忘怀。酸甜口味的菜肴，比如糖醋排骨、糖醋鱼等，正是大部分外国人心中具有代表性的中餐，也是中国人喜欢的味道。而酸与辣，更是大多数重口味人群偏爱的口感。酸是辣的搭档，能解辣的刺激，促进食欲。如酸辣汤不仅味道爽口，还有解腻、助消化的功能。人在没有食欲的时候，会非常想念它的味道。

中国人还善于吃“苦”，是因为喜欢寻找隐藏在苦味背后的甘味。在“甘甜”这个词语中，“甘”在“甜”的前面，甘味中所带的甜味是少于甜的。人们吃完苦的东西，嘴巴里会有一种回甘，就是这个甘味给人以一种缓缓的、甜甜的感觉。比如粤菜“陈皮鸭”就给人以特别的口味。“苦尽甘来”这个成语准确地描述出了甘与苦之间的关系。而甜味来自“糖”。不论在哪里，甜味都用来代表幸福和快乐。这是因为人类的舌尖最先能够感受到的味道就是“甜”，所以在中国的节日食俗里，大多数的习俗是吃甜的食品。

中国人对辣味的认识，最初是用“辛”来表达的。在胡椒、辣椒传入中国之前，花椒、姜、葱、蒜是民间使用的主要辛味调料。姜不仅能驱除异味，还能激发出鱼和肉的美味，所以烹制鱼、肉离不开姜。姜、葱、蒜等有杀菌作用，因此也是凉拌菜肴常用的调味品。而当胡椒、辣椒传入中国后，最富刺激性的辣味也就成了很多人的至爱。汉语中“辛”和“辣”连用，更是突出了食物辣得有层次感，辣而不燥，辣中有香。川菜的“麻辣”正是将这点运用得出神入化。

盐是百味之首。不论其他四种味道如何搭配，能够调和这一切的，只有盐。盐能调出食物本身固有的味道，也能使食物在原有的鲜味上更加美味。没有盐，什么山珍海味都无法呈现其鲜美滋味。咸生酸，辣椒加了盐，会多一种咸酸的复合口感。盐也能调和苦味，苦瓜用盐抓过后，能产生一种舒适的味觉体验。咸与甜的碰撞，更是能使人产生一种满足感。如烧制红烧肉时，只要加点糖，便能炒出红润的光泽。

酸、咸、苦、甘、辛，五种味道各有其味，单一的味道给人的感觉不能尽善尽美。五味经过调和，才能取长补短，互相作用，达到适口芳香。这便是“五味调和”中的“和”，是中国最传统的调味方法。这是一种不偏不倚的调和理论，利用不同的调味品，经过合理的调配使菜品达到美味可口的最佳状态。

调味品

人间至味

北京烤鸭

北京烤鸭可谓大名鼎鼎，无人不知，无人不晓。它的名气大到甚至让人以为鸭子被宰掉后，只有一条出路——被制成光荣的北京烤鸭。其实中国对鸭子的食用有着悠久的历史，《楚辞》中有鸭羹（gēng）的记载，《齐民要术》中有填鸭的方法，《调鼎集》中所列举的菜肴达 58 款之多，用鸭制成的菜肴数量居世界首位。除北京烤鸭外，著名的还有江苏三套鸭、盐水鸭，山西焖炉烤鸭，四川神仙鸭子、虫草鸭，台湾东门当归鸭等。

北京烤鸭能够名冠天下，自是因为它的味道美妙无比。据《五台照常膳低档》记载，乾隆皇帝曾在十三天之内连吃烤鸭八次。元、明两朝也都曾把它列为御膳（yùshàn）佳肴，距今已有三百多年的历史了。

北京烤鸭以全聚德、便宜坊两家最为有名，相较于全聚德，恐怕许多人并不知道便宜坊的名号。其实在 20 世纪初，便宜坊的名气要远远大于全聚德。全聚德创建于 1864 年，创建时间比便宜坊要晚，创始者是河北冀县人杨全仁。由于他将原来的焖炉改进为挂炉烤制，在工艺上博采众长，独辟蹊径（dúpì xījìng），很快名声大噪，跃居便宜坊之上。时至今日，全聚德的烤鸭已享誉中外，成为中华饮食的精品。

北京烤鸭的原料为北京填鸭，这种鸭子饲养周期短，成长快，肉质好。北京烤鸭的烤制方式有三种，分别是焖炉法、挂炉法和叉烧法，如今最为流行的是用果树木柴明火烤制的挂炉烤鸭，由全聚德发明。方法是先用刀在填鸭身上开一个小洞，将内脏由小洞掏出，然后用气筒从刀口处向里打气，等气体均匀地充满填鸭全身后，将其挂起，再以沸水浇烫全身使气体膨胀（péngzhàng），接下来用汤水浇淋两次，风干烤用。由于鸭皮充分地膨起，烤出来后脆薄且上色均匀。

厨师的刀法也非常重要，在烤好的鸭子上片下来 108 块鸭肉，每块鸭肉连皮带肉，厚薄均匀。吃的时候用一张小薄饼裹上两三片鸭肉、蘸（zhàn）甜面酱的大葱丝、黄瓜条，入口一嚼，烤鸭酥脆的皮、鲜嫩的肉口感极佳，烤鸭特有的浓香也溢满唇齿之间。

烤鸭

千古食趣

麻婆豆腐

在中国，豆腐是非常常见的食材，几乎每家每户都会用到。麻婆豆腐是中国豆腐菜肴中最富地方风味的特色菜之一，色泽淡黄，软嫩而有光泽，其味麻、辣、酥、香、嫩、鲜，豆腐表面盖有一层淡红色的辣油，可保持豆腐内的热度，趁热吃味道更香，花椒面的香味扑鼻。

关于麻婆豆腐，有个流传至今的故事。1824 年，四川陈麻婆豆腐饭店在万福桥头开业了。当时只是一个小店，因为老板娘夫家姓陈，脸上又有麻子，人们背后都把她叫作“陈麻婆”。

有一天，陈麻婆接待了一批又一批的码头工人、脚夫，店里的东西已经不多了。快关门的时候，又来了一伙人，要求老板娘做点能下饭并且又热又便宜的菜。陈麻婆看店里没什么菜了，只剩下几盘豆腐和一点牛肉末。陈麻婆急中生智，把豆瓣（dòubàn）剁细，加上豆豉（dòuchǐ），放油锅里炒香，后加了些汤，放下切成两厘米见方的豆腐块，再配上其他调料，加入炸酥脆的牛肉末，勾芡收汁，起锅后再把花椒面、辣椒面浇在豆腐上。一盆色鲜味美的豆腐就上桌了。这一伙人个个吃得满头冒汗，吃了好几碗饭，非常舒服。

后来民众开始一传十，十传百，都知道陈麻婆做的豆腐好吃、下饭又省钱，来的人越来越多，结果就成了店里的招牌菜。由于这种豆腐又麻又辣，老板娘又叫陈麻婆，后来这道菜就叫“麻婆豆腐”了。

这道贫民小吃能成为标志性的中国菜肴，大概是因为其中蕴含着烹饪的基本道理——简单的食材配上恰当的辅料，就能成就美味。事实上，四川地区非常擅用调料。就这道菜来说，豆瓣酱、花椒面是其味道的灵魂。豆腐本身无味，需要靠这些连接物，把牛肉的酥香、豆瓣的酱香、花椒和蒜苗的香一同融于豆腐，最后滚烫地端上桌。这是一道适合配米饭的菜，也可直接盖在米饭上，香味四溢。

麻婆豆腐距今有近一百年的历史了，不管是国内的川菜馆，还是海外的中餐馆，菜牌上都有麻婆豆腐这道菜。而今，在太空中，麻婆豆腐也是最受宇航员欢迎的太空餐之一。

麻婆豆腐

书人说吃

五味

山西人真能吃醋！几个山西人在北京下饭馆，坐定之后，还没有点菜，先把醋瓶子拿过来，每人喝了三调羹醋。邻座的客人直瞪眼。有一年我到太原去，快过春节了。别处过春节，都供应一点好酒，太原的油盐店却都贴出一个条子："供应老陈醋，每户一斤。"这在山西人是大事。

…………

都说苏州菜甜，其实苏州菜只是淡，真正甜的是无锡。无锡炒鳝糊放那么多糖！包子的肉馅里也放很多糖，没法吃！

四川夹沙肉用大片肥猪肉夹了洗沙蒸，广西芋头扣肉用大片肥猪肉夹芋泥蒸，都极甜，很好吃，但我最多只能吃两片。

…………

北京人很保守，过去不知苦瓜为何物，近年有人学会吃了。菜农也有种的了。农贸市场上有很好的苦瓜卖，属于"细菜"，价颇昂。

…………

四川不能说是最能吃辣的省份，川菜的特点是辣且麻——搁很多花椒。四川的小面馆的墙壁上黑漆大书三个字：麻辣烫。麻婆豆腐、干煸牛肉丝、棒棒鸡，不放花椒不行。花椒得是川椒，捣碎，菜做好了，最后再放。

…………

中国人过去对吃盐很讲究，如桃花盐、水晶盐，"吴盐胜雪"，现在则全国都吃再制精盐。只有四川人腌咸菜还坚持用自贡产的井盐。

我不知道世界上还有什么国家的人爱吃臭。

过去上海、南京、汉口都卖油炸臭豆腐干。长沙火宫殿的臭豆腐因为一个大人物年轻时常吃而出名。这位大人物后来还去吃过，说了一句话："火宫殿的臭豆腐还是好吃。"

（节选自汪曾祺《五味》）

节日食俗

元宵节——汤圆

正月是农历的元月，古人称"夜"为"宵"，正月十五是一年中第一个月圆之夜，所以称正月十五为"元宵节"。元宵节是中国的传统节日之一，主要有赏花灯、吃汤圆、猜灯谜、放烟花等一系列传统民俗活动。

汤圆

正月十五吃汤圆，汤圆作为食品，在中国由来已久。宋代，民间已流行一种元宵节吃的新奇食品。这种食品最早叫“浮元子”，生意人美其名为“元宝”。后来，北方人称之为“元宵”，南方人称之为“汤圆”，做法也有所不同。北方的元宵是滚出来的，而南方的汤圆是包出来的，但寓意都一样，象征着团团圆圆。

近千年来，汤圆的制作日益精致。光面皮而言，就有江米面、粘高粱面、黄米面和玉米面。馅料的内容更是甜咸荤素应有尽有，甜的有桂花白糖、豆沙、芝麻、花生等，咸的有猪油肉馅，可以油炸，也可以炒；素的有由芥、蒜、韭、姜组成的五辛汤圆，表示勤劳、长久、向上的意思。

汤圆制作的方法也南北各异。北方多用箩滚手摇的方法，南方则多用手心揉团。汤圆可以大似核桃，也有小似黄豆，煮食的方法有带汤、炒吃、蒸食等。不论有无馅料，都同样美味可口。

目前，汤圆已成为一种四时皆备的点心小吃，随时都可以来一碗解解馋。

饮食词语

五味杂陈

五味：泛指各种味道。指各种味道混杂在一起，形容感受复杂而说不清楚。

例：回想起在中国学习华文的四年生活，真是五味杂陈。

第三课

鲁菜

饮食夜话

李　芳：听说中国菜有很多风味啊。

王　强：是啊，受地理环境、气候、物产、文化传统以及民族习俗等不同因素的影响，中国菜经过漫长的历史演变形成了八大菜系。

李　芳：是哪八大菜系啊，你能跟我说说吗？

王　强：山东（鲁）菜、四川（川）菜、湖南（湘）菜、江苏（苏）菜、浙江（浙）菜、安徽（徽）菜、广东（粤）菜和福建（闽）菜。

李　芳：哇！可以把你知道的都给我介绍一下吗？

王　强：一般来说，中国北方寒冷，菜肴以浓厚、咸味为主；中国华东地区气候温和，菜肴则以甜味和咸味为主；中国西南地区多雨潮湿，菜肴多用麻辣浓味。各地烹饪方法不同，也就形成了不同的菜肴特色。

李　芳：你怎么什么都知道啊，太厉害啦！

饮食讲坛

鲁菜

鲁菜，又叫山东菜，是黄河流域烹饪文化的代表，也是中国饮食文化的重要组成部分。鲁菜历史悠久，对其他菜系的产生有重要的影响，因此八大菜系首推鲁菜。鲁菜以其鲜青脆嫩、风味独特、制作精细的特点享誉（xiǎngyù）海内外。

"鲁"是山东的简称。山东是中国古代文化的发祥地之一，依山傍海，有平原、丘陵，四季分明，物产丰富，为鲁菜的发展提供了丰富的物质资源。辛、酸、甘、苦、咸这五味当中，鲁菜在以"咸鲜"为基本特色的同时，辛、酸、甘、苦四味也都有普遍的展现，可谓"五味均善"[①]。鲁菜以爆、炒、烧、炸、扒、塌等技巧最具特色，有名的菜品有两三百种。"烧"有红烧、白烧等不同做法，"九转大肠"即为烧菜代表。"塌"是鲁菜独有的技法，主料事先腌制，挂淀粉或面糊，两

---

① 五味均善：指辛、酸、甘、苦、咸五种味道都有，搭配得很好。

面塌煎至金黄色，放入调料或清汤，慢火收汤汁，非常入味，代表作有“锅塌豆腐”等。汤也是鲁菜的独门秘方，素有“厨子的汤，唱戏的腔”之说。鲁菜的汤有清汤和奶汤之分。清汤一般以鸡、鸭为主料，奶汤则加入猪骨、猪肘等，经过煮沸、微煮等工艺制成，清汤清亮，奶汤纯白，味道非常鲜美，著名的菜品有“奶汤蒲菜”。

鲁菜的历史悠久，技法丰富，难度也很高。这是因为商周时期的宫廷菜就是鲁菜，后来慢慢传入民间。可以说，鲁菜的历史是一段由社会上层到下层、由少数人到多数人逐渐扩展的历史。在这个过程中，由规格较高的官府宴请延伸到寻常百姓家，形成了北方地区共有的一种饮食文化习俗。济南菜的火候、胶东菜的海鲜、孔府菜的豪华，共同造就了鲁菜的包罗万象。济南风味是鲁菜的主体，胶东菜肴擅长海鲜烹饪，而孔府菜则是典型的官府菜，体现了孔子“食不厌精，脍不厌细”①的饮食文化观念。孔府菜不仅制作精美讲究，而且十分重视饮食的时与节、量与度，一蔬一菜都被赋予了文化意义。孔府名菜“鲁壁藏书”“诗礼银杏”既是菜名，也是典故。下面介绍五道有代表性的鲁菜：

---

① 食不厌精，脍不厌细：这是孔子提出的饮食理念。孔子生活的年代是中国饮食文化的奠基期，那个时候的烹调工具、方法、食品结构、饮食习惯和风格都还是低级和粗糙的。“食不厌精，脍不厌细”指在做祭祀用的饮食时，应选用上好的原料，加工时要尽可能精细，这样才能达到尽“仁”尽“礼”的意愿。这个“精”是与一般人常食的“粗”相比较，主张祭祀应选用好于糙米的米。“脍”是肉类切后生食的，必须切得薄些、细些，味道才会更可口，也便于咀嚼和消化。

1. **糖醋黄河鲤鱼**

造型生动，扬首翘尾，外焦里嫩，色泽红亮，香酥酸甜，咸鲜香醇，为鲁菜代表菜之一。

糖醋黄河鲤鱼

2. **九转大肠**

清代光绪年间，济南九华林酒楼店主将猪大肠洗涮后，放入加有香料的开水煮至软酥取出，切成段后，加酱油、糖、香料等制成又香又肥的红烧大肠，闻名于世。后来在制作上又有所改进，将洗净的大肠放入开水煮熟后，入油锅炸，再加入调味品和香料烹制，此菜味道更鲜美。有文人根据其制作精细如道家“九炼金丹”一般，取名为“九转大肠”。此菜品色泽红润，软嫩鲜醇，五味俱全，肥而不腻。

九转大肠

3. 爆炒腰花

爆炒腰花

山东特色传统名菜，是以猪腰为主料的家常菜，属鲁菜系。制作时以猪腰、荸荠等为主料，成品鲜嫩，味道醇厚，滑润不腻。制作时配菜和佐料因地而异，口味也随之有偏甜、酸、咸、辣之分。

4. 葱烧海参

这道菜以水发海参和大葱为主料。海参虽然是天生补品，却是寒凉食物；大葱性热，恰好可以去除荤、腥、膻等异味。两者完美搭配，以浓汁、浓味入其里，浓色表其外，达到色、香、味、形四美俱全的效果。

葱烧海参

5. 四喜丸子

这道菜由四个色、香、味俱佳的较大的肉丸组成，寓人生福、禄、寿、喜四大喜事，常作为喜宴、寿宴等宴席中的压轴菜，以取其吉祥之意。

四喜丸子

人间至味

氽（cuān）西施舌

氽西施舌

所谓“西施舌”，就是大海蛤的舌肉。西施舌肉质白滑细嫩，味道极其鲜美，并且其肉和壳都可入药，有清热滋阴、化痰通淋等作用。氽西施舌是山东传统名菜。

西施舌以古代美女西施命名，名字浪漫而风雅。但同为古代美女，为什么不称呼“貂蝉（Diāochán）舌”“贵妃舌”或者“昭君（Zhāojūn）舌”呢？其原因主要是来源于传说故事。西施与范蠡（Fàn Lǐ）本来是一对情侣，后西施被当作礼物献给吴王夫差。越王勾践（Gōujiàn）卧薪尝胆最终打败夫差，灭了吴国。这时的西施认为自己的使命已经完成，便不再留恋于世，于是咬断舌头，跳江自杀。她的舌头被江中的一只大蚌接住。蚌将西施的舌头含在口中，四处寻找范蠡。听说越国已经迁都琅琊（Lángyá），大蚌就不辞劳苦从江南沿海来到琅琊。到琅琊后得知范蠡在越国灭吴后已经弃武经商，在定陶（Dìngtáo）一带定居，他也在到处寻找西施的下落。大蚌只好含着西施的舌头在琅琊附近的海边等范蠡。等了一代又一代，于是就形成了一种优美的海滩名贝。

20 世纪 30 年代，著名作家梁实秋先生在青岛顺兴楼第一次品尝西施舌："一碗清汤，浮着一层尖尖的白白的东西，初不知何物，主人曰西施舌，含在口中有滑嫩柔软的感觉，尝试之下果然名不虚传。"

清澈鲜美的汤汁中，张开两片贝壳的西施舌伸出晶莹剔透的贝肉，实在引人垂涎。鲜嫩弹牙的贝肉搭配鲜甜的清汤，入口的那一瞬间你肯定就能明白，为什么这种海贝会有一个如此美丽的名字。

千古食趣

怀抱鲤

"怀抱鲤"是孔府的鲤鱼菜，渊源已久。此菜有专用的盛鱼器皿，是用大小各一的鲜鲤鱼经红烧而成。小鱼面向大鱼怀中，分放两格的"鱼船"中。孔子的儿子孔鲤，其墓葬（mùzàng）在孔子墓的前面，成为"抱子携孙"的墓葬布局格式。"怀抱鲤"由此得名。

相传春秋时期，孔子的妻子怀有身孕时，孔子正好在鲁国做官，深受鲁国国君的信任。孔子回家探望将要临产的妻子，恰巧就在孔妻生下孩子的那天，鲁国国君鲁昭公派人送来了一条鲤鱼，孔子见国君如此恩典，不胜感激。为了不忘国君恩泽，孔子与妻子商量，决定以鲁昭公送来的鱼给儿子取名，于是就叫孔鲤。又因鲤为长子，故字伯鱼。

因为有这样一段典故，所以孔府后人为了不忌犯先祖之名，不能直呼鲤鱼。在孔府中，所有以鲤鱼烹制的菜肴，均被称为“桂鱼”，但唯独“怀抱鲤”不同，而且还有专用的盛鱼器皿。因为孔鲤比孔子先故，当时，孔子墓已经修好，按理讲，孔鲤只能葬在孔子墓的后边。但古时有“死者为大”之说，于是为了平衡两种说法，就在孔子墓的东面平行于孔子墓的地方把孔鲤葬了。

后来，因孔子之孙功劳大于其父孔鲤，死后葬在孔子墓的前面。这种墓葬的布局格式被美其名曰“抱子携孙”。“怀抱鲤”由此得名，所以也就没有忌犯先祖之名的说法。只因此菜有特定的寓意，所以，在孔府的一般场合是不能随便献此名肴的，只有在迎接皇帝和政府要员时，或在祭孔大典之日，为了显示孔子的后裔没有忘记“先祖”才制作此佳肴。

怀抱鲤

书人说吃

豆腐

关于豆腐的事情，可以编写一部大书，现在只是谈谈几项我个人所喜欢的吃法。

凉拌豆腐，最简单不过。买块嫩豆腐，冲洗干净，加上一些葱花，撒些盐，加麻油，就很好吃。若是用红酱豆腐的汁浇上去，更好吃。至不济浇上一些酱油膏和麻油，也不错。我最喜欢的是香椿（chūn）拌豆腐，香椿就是庄子所说的“以八千岁为春，以八千岁为秋”的椿。取其吉利，我家后院植有一棵不大不小的椿树，春发嫩芽，绿中微带红色，摘下来用沸水一烫，切成碎末，拌豆腐，有奇香。

…………

“鸡刨（páo）豆腐”是普通家常菜，可是很有风味。一块老豆腐用铲子在炒锅热油里戳（chuō）碎，戳得乱七八糟，略炒一下，倒下一个打碎了的鸡蛋，再炒，加大量葱花。养过鸡的人应该知道，一块豆腐被鸡刨了是什么样子。

锅塌豆腐又是一种味道。切豆腐成许多长方块，厚薄随意，裹以鸡蛋汁，再裹上一层芡粉，入油锅炸，炸到两面焦，取出。再下锅，浇上预先备好的调味汁，如酱油料酒等，如有虾子羼（chàn）入味更好。略烹片刻，即可供食。虽然仍是豆腐，然已别有滋味。

（节选自梁实秋《雅舍谈吃》）

节庆食俗

清明节——青团

清明是中国的二十四节气之一，也是中国的传统节日，是祭祖和扫墓的日子。在每年的4月4日至6日的清明节，正是草木吐绿的时节，所以古人有清明踏青的习俗。在清明节的饮食方面，各地有不同的节令食品。但在中国南方大部分地区，人们都会吃青团。

“相传百五禁烟厨，红藕青团各祭先”，这首《吴门竹枝词》说的是人们在清明节吃冷食青团，并用红藕、青团祭祀祖先，其中所说“百五”，是指冬至过后105天为寒食。

青团

青团，又叫艾团，是一种用草头汁做成的绿色糕团，有的采用青艾，有的以雀麦草汁和糯米一起舂（chōng）合，使其相互融合，然后包上豆沙、枣泥等馅料，用芦叶垫底，放到蒸笼内。蒸熟出笼时用毛刷将熟菜油均匀地刷在糕团的表面，所以青团碧青油绿，糯韧绵软，甘甜细腻，清香爽口，从色彩到口感都有着春天的气味，是清明与寒食节时南方民间的一道传统点心。

据考证，“青团”之称大约始于唐代，至今每逢清明，江南几乎家家户户蒸青团。虽然青团流传千百年形制未变，但现在人们更多的是应令尝新，青团作为祭祀的功能日益淡化。

饮食词语

脍炙人口（kuàizhì – rénkǒu）

脍：切细的肉。炙：烤熟的肉。指美味人人爱吃。比喻好的诗文受到人们的称赞和传颂。

例：中国古代诗人李白写了很多脍炙人口的诗歌。

第四课

川菜

饮食夜话

王　强：刚才这道水煮牛肉怎么样？

李　芳：牛肉很嫩，不错。但是这也太辣了，我舌头都麻了！

王　强：难怪你只吃了一点。

李　芳：这个辣跟平时吃到的辣真的不一样啊。

王　强：可不是嘛，辣也分香辣和麻辣。川菜主要是麻辣。

李　芳：怪不得我的舌头已经不听话了。

王　强：你不是说你很能吃辣吗？

李　芳：这个真的不一样，感觉连嘴唇都失去知觉了。你看，我的汗……

王 强：看来得给你找点其他吃的，你应该没吃饱。

李 芳：我需要来点甜品，吃点甜的就舒服了。

饮食讲坛

川菜

提起川菜，大家首先想到的就是麻辣火锅、毛血旺、水煮鱼、鱼香肉丝……现在人们多以“麻辣”二字来概括川菜的口味。拥有两千多年历史的川菜，享誉世界，但川菜真的只有“麻辣”的标签吗？

其实，中国古代的川菜是没有辣椒的，但这并没有阻挡当地人民对辛香的追求。因为四川的气候潮湿，容易得风湿病之类的疾病，吃点辛辣的食物可以祛湿，特别是冬天的时候，辛辣的食物能让身体暖和。唐宋时期的川菜，葱、姜、蒜、花椒等香料大量用于菜肴中。李白在四川生活了二十多年，很爱吃当地的蒸焖鸭子，后来进京，把这道菜献给唐玄宗，深受好评，这道菜也被赐名为“太白鸭”。而后来以“苏东坡”命名的东坡菜系，如东坡肉、东坡豆腐、东坡鱼等，更是让古代川菜名扬天下。

我们现在吃到的川菜，萌芽于清初的“填川”[1]时期，大规模的移民为四川带来了半个中国的食谱。四川地处盆地，有高山，有河流，有平原，有丘陵，气候温润，食材佐料也一应俱全。新移民因此研发了口味多变、好吃不贵的现代川菜。后来，辣椒传入四川，以火辣的口味征服了四川人，在此基础上，四川人还发明了泡椒、油辣子、郫（pí）县豆瓣等调味品，由此产生了麻辣、酸辣、椒麻、鱼香、红油等口味，最终形成“清鲜醇浓，麻辣辛香，一菜一格，百菜百味”的特点，并发展成为中国菜的一大菜系。

川菜以成都、重庆两个地方的菜为代表，主要特点在于味型多样，即复合味的运用。辣椒、胡椒、花椒、豆瓣酱等是主要调味品，不同的配比，配出了麻辣、酸辣、椒麻、麻酱、蒜泥、芥末、红油、糖醋、鱼香、怪味等各种味型，具有“一菜一格”“百菜百味”的特殊风味，各式菜点无不脍炙人口。在烹调方法上，川菜擅长煎、炒、滑、熘、爆、煸、炸、煮、烧、煨等近四十种，尤以小煎、小炒、干煸和干烧有其独到之处。在口味上特别讲究色、香、味、形，兼有南北之长，以味的多、广、厚著称。川菜有“七滋八味”之说，“七滋”指甜、酸、麻、辣、苦、香、咸；“八味”指鱼香、酸辣、椒麻、怪味、麻辣、红油、姜汁、家常。川菜因此具有取材广

① 填川：指发生在清朝的一次大规模的移民，有湖北、江西、福建、广西等十几个省份的居民迁移到四川。

泛、调味多样、菜式适应性强三个特征，由筵席菜、大众便餐菜、家常菜、三蒸九扣菜、风味小吃五个大类组成了一个完整的风味体系，享誉世界。下面介绍五道有代表性的川菜：

1. **夫妻肺片**

夫妻肺片

相传在20世纪30年代，成都郭朝华、张田政夫妇沿街设摊以出售猪肺片为业，因制作精细、风味独特而为群众所喜食，“夫妻肺片”因此得名。之后发展为设店经营，用料以肉、心、舌、肚、皮等代替最初的肺，质量更为出色，已成为四川的著名菜肴之一，其特点是口味麻辣浓香。

2. **回锅肉**

回锅肉

回锅肉起源于四川农村地区。所谓回锅，就是再次烹调的意思。回锅肉一直被人们认为是川菜之首，提到川菜必然会想到回锅肉。色、香、味俱全，是下饭菜的首选。

3. **大千干烧鱼**

干烧鱼是四川地区的传统名菜，味型是咸鲜味。它是著名国画大师张大千先生的家传菜。大千鸡块、大千红烧肉、大千酿豆腐……大千菜系种类繁多。大千干烧鱼是大千菜系的招牌菜之一。在第一届大千风味菜肴研讨会上，张大千长女张心瑞介绍说："大千干烧鱼源于祖母烧制的豆瓣鱼，后来由父亲加以创新而成。"制作干烧鱼选用的是鲈鱼，这种鱼肉嫩刺少。干烧鱼不勾芡，而是要把汁水收干，让各种味道在收汁的过程中慢慢融入鱼肉，最后成菜颜色红亮、辣而鲜香，是鱼类菜中的佼佼者（jiǎojiǎo zhě）。

大千干烧鱼

4. **鱼香肉丝**

鱼香肉丝，以鱼香味调味而得名，相传由民国时期的一位川菜大厨创制。该菜以泡椒、子姜、大蒜、糖、醋、猪肉丝等炒制而成，咸鲜酸甜，葱、姜、蒜的香味浓郁。

鱼香肉丝

5. **麻婆豆腐**

这道菜的材料主要有豆腐、牛肉末（或猪肉末）、豆瓣酱和花椒等。“麻”来自花椒，“辣”来自辣椒，突出了川菜“麻辣”的特点，口味独特，口感顺滑。

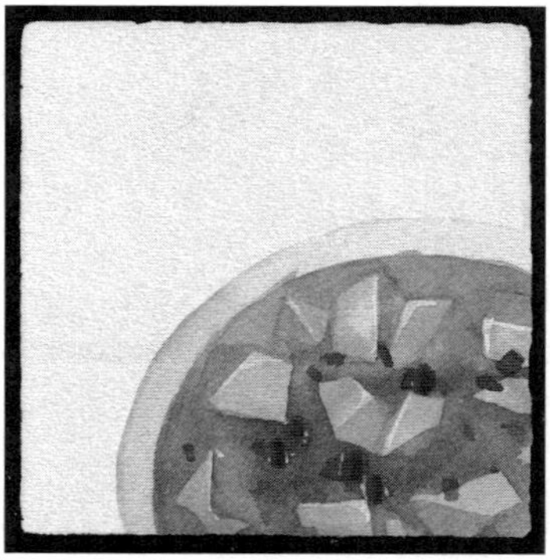

麻婆豆腐

人间至味

水煮牛肉

水煮牛肉这道菜在全世界的知名度都很高，是川菜中重麻辣的典型。

水煮牛肉这道菜为何取名“水煮”呢？据说，此菜始创于民间，最早是小河帮创造的。川菜分为上河帮川菜、下河帮川菜、小河帮川菜。小河帮川菜是指流行于四川自贡、内江等地的菜系。四川自贡素以生产井盐而闻名，生产井盐离不开采卤，就是将卤水从井下开采出来。当时采卤是以牛作牵引动力的。在日复一日的劳作中，不断地有牛被淘汰，盐工们就用自己制取的食盐加上花椒煮食牛肉，这就是最早的水煮牛肉。

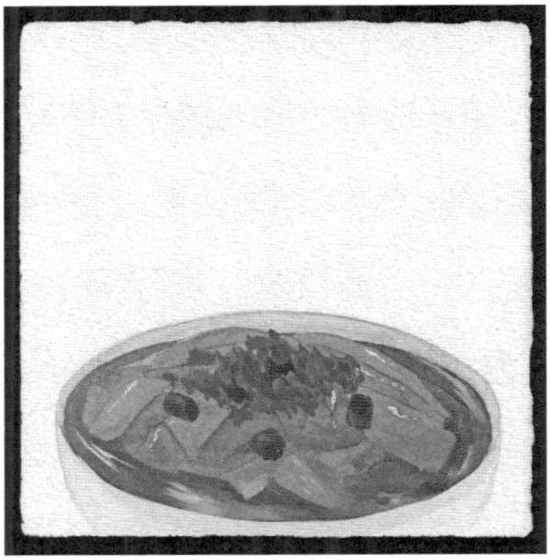

水煮牛肉

水煮牛肉选用豆芽、莴笋（wōsǔn）尖、芹（qín）菜节、蒜苗节等作为垫底菜，先放入油锅炒香，然后盛入盘中铺底备用。煮好的牛肉倒在炒好的垫底菜上，再依次撒上少许花椒粉、刀口辣椒、蒜末、葱花等。最后一步非常关键——浇淋热油，连浇三次。业内人士将此称为三滴油，第一次浇油增香，第二次浇油提色，第三次浇油则把油的脂香味赋予肉片。

水煮牛肉这道菜白、红、绿、黄四色相映，色彩朴素清新，牛肉肥嫩，味道麻辣，滑嫩适口，香味浓烈，具有川味火锅麻、辣、烫的风味。

千古食趣

宫保鸡丁

“宫保鸡丁”是川菜中的传统名菜，由鸡丁、干辣椒、花生米等炒制而成，色泽诱人、肉嫩味美、醇香适口，很受欢迎。有些餐馆的菜单上将“宫保鸡丁”写成了“宫爆鸡丁”，其实这是一种误解，没有弄清楚“宫保鸡丁”的由来。

据传，“宫保鸡丁”这道菜和清朝重臣丁宝桢（Dīng Bǎozhēn）有着直接关系。丁宝桢是贵州人，喜欢吃鸡和花生米，尤其喜好辣味。他在山东任职的时候，常命家里的厨师制作“酱爆鸡丁”等菜，朋友吃后，连声称赞。但那时这道菜还没出名。后来丁宝桢调任四川总督（zǒngdū），这道菜经过改良，嫩鸡肉加上红辣椒、花生米下锅爆炒，肉嫩味美，令人食后难忘。这道美味本来只是丁家的“私房菜”，后来越传越广，世人皆知。

它为什么会被命名为“宫保鸡丁”呢？所谓“宫保”，其实是丁宝桢的荣誉官衔（guānxián）。明清两代各级官员都有“虚衔”，高级的虚衔有“太师、少师、太傅、少傅、太保、少保、太子太师、太子少师、太子太傅、太子少傅、太子太保、太子少保”。这些虚衔都是封给朝中重臣的，没有实际的权力，有的还是死后追赠的。在咸丰皇帝以后，虚衔不再用“××师”而多用“××保”，所以这些虚衔又有了一个别称——“宫保”。丁宝桢在四川十年，为官刚正不阿，多有建树，于光绪十一年死在任上。清廷为了表彰他的功绩，追赠“太子太保”。“太子太保”是“宫保”之一，于是他发明的这道菜由此得名“宫保鸡丁”，也算是对这位丁大人的纪念了。

宫保鸡丁的味道属于川菜24味型中的荔枝味，入口瞬间先是荔枝般的酸甜，故名为荔枝味。这道菜色泽棕红、鸡丁滑嫩，整盘菜吃完后，盘中只见红油不见汁。入口的时候先会感觉到酸，然后再感觉到甜，甜中带咸，咸鲜中还回麻带辣，令人回味甚久。

宫保鸡丁

书人说吃

宴席菜

人们通常觉得，川菜就是便宜、家常，然而，川菜中那些处在社会标准最顶端的雅致珍馐也让人惊艳不已。看看高端大宴的菜单，就知道这些菜需要大师出手施展绝学，食材也集合了很多山珍海味。比如，有道经典的宴席菜叫作“虫草鸭”，一只整鸭，身上戳孔插上来自藏区的冬虫夏草［菌类的孢子（bāozǐ）被幼虫食用后在它们体内生长，吸收养分，直到幼虫只剩下一具空壳，被孢子的菌丝完全占据］，这种菌类是传统的补品，在四川已经有 300 年左右的入菜入药历史。擅做宴席的川菜厨师也会用当地独特的烹饪手法来处理一些中餐食材，创造出家常海参和干烧鱼翅等菜品。宴席菜通常能展示厨师的伟大智慧和精妙手法，能吃得食客满座皆惊、如痴如醉。所以，如果你是座上客，可能会吃到鸡豆花，看上去就像川东常吃的廉价豆腐，但其实是鸡胸肉细细地斩过再做成豆腐的模样；或者“开水白菜”，就是清汤里飘着一颗小小的白菜，那汤清澈澄明，风味十足，是用鸡肉、鸭肉、火腿和猪骨熬炖而成，非常奢侈（shēchǐ），不起眼的白菜泡在这样的汤里，正是妙处所在。近些年，成都大厨喻波创造的“毛笔酥”声名鹊起（shēngmíng－quèqǐ），这道菜看上去就像一根根毛笔配上一盘朱墨，但其实是将又薄又脆的酥皮塞进竹管里，蘸的是番茄酱。历史上的中式宴席，总会用大浅盘端上蔬菜瓜果做成的繁复精美的雕塑，或者将五彩缤纷的食材切片切丝，精心地拼贴出造型，比如“孔雀开屏”或“熊猫战竹”。法国人有糖塑，中国人就有如此刀工，但这也是一门正在消逝的艺术。而川菜宴席每每为了更加精致，会让专业厨师对广受欢迎的经典菜与小吃进行创新改良，比如烧白和担担面。不过，你参加的宴席越高级，菜品的风味就越可能趋于清淡和雅致。

（节选自扶霞·邓洛普《川菜》）

开水白菜

节庆食俗

端午节——粽子

农历五月初五端午节，又称端阳节。据说，端午节起源于远古的祭龙活动，到战国时又和纪念诗人屈原联系起来。人们每年五月初五包粽子、划龙船，纪念屈原。“粽子香，香厨房。艾叶香，香满堂。桃枝插在大门上，出门一望麦儿黄。这儿端阳，那儿端阳，处处都端阳。”这是旧时流行甚广的一首描写端午节的民谣。总体上说，端午节吃粽子，古往今来，中国各地都一样。

粽子最早出现在春秋时期，当时主要有两种粽子：用菰（gū）叶（茭白叶）包黍米成牛角状，称“角黍”；用竹筒装米密封烤熟，称“筒粽”。到晋代，端午吃粽子成为全国性风俗，当时包粽子的原料除米外，还添加了中药材益智仁，称“益智粽”。到了唐代，粽子已经成为端午节的必备食品。宋代时，出现了用“艾叶浸米裹之”的“艾香粽子”。元代的粽子包裹料已从菰叶变革为箬竹（ruòzhú）叶，突破了菰叶的季节性局限。明代出现用芦苇（lúwěi）叶包的粽子，附加料已出现豆沙、猪肉、松子仁、枣子、核桃等，品种更加丰富多彩。当代流行的“火腿粽子”则出现在清代乾隆年间。

粽子

如今的粽子更是多种多样，璀璨纷呈。现今各地的粽子，一般都用箬竹叶包糯米，但里面的内容则根据各地的特产和风俗而定，著名的有桂圆粽、肉粽、水晶粽、莲蓉粽、蜜饯粽、板栗（bǎnlì）粽、辣粽、酸菜粽、火腿粽、咸蛋粽等。

饮食词语

食指大动

原指有美味可吃的预兆，后形容看到有好吃的东西而贪婪的样子。也形容眼前有一些美食，正准备好好享用的情况。

例：一回到家，看到满满的一桌子菜，色、香、味俱全，令我不禁食指大动。

第五课

粤菜

饮食夜话

李　芳：明天你生日，我请你吃饭。想吃什么呀？

王　强：听说附近新开了一家粤菜馆，我们去试试吧！

李　芳：粤菜？

王　强：就是广东菜呀！有你最爱吃的点心。

李　芳：啊！我最爱的凤爪、叉烧包、虾饺……

王　强：看看你，口水都快流出来啦！

李　芳：你不是也很爱吃吗？

王　强：那当然了。中国菜中我最喜欢的就是粤菜，好吃又精致。

李　芳：看把你馋的！明天你生日，你最大，随便点！

王　强：那我可不客气喽！

粤式点心

饮食讲坛

粤菜

粤菜即广东菜，发源于岭南，是中国八大菜系之一，有“食在广州”的美誉，以特有的菜式和韵味，独树一帜(dúshù－yīzhì)，在国内外享有盛誉。广东地处亚热带，濒临南海，四季常青、物产丰富，山珍海味无所不有，蔬果时鲜四季不同。粤菜历史悠久，西汉时就有关于粤菜的记载，明清时期发展迅速。到了 20 世纪，随着对外通商的发展，粤菜吸取了西餐的一些特长，并走向世界。在世界各地，粤菜与法国大餐齐名。由于广东移居海外的华侨华人数量很多，开在世界各国的中菜馆多数是粤式茶楼、菜馆，生意兴旺，粤菜餐馆几乎是各国的“唐人街”生意最红火的地方之一。

粤菜由广州菜、潮州菜、客家菜三种地方风味组成，三种风味各具特色。广州菜包括珠江三角洲和韶关（Sháoguān）、湛江（Zhànjiāng）等地，用料丰富、选料精细、技艺精良、清而不淡、鲜而不俗、嫩而不生、油而不腻。夏秋力求清淡，冬春偏重浓郁，擅长小炒，要求火候和油温掌握得恰到好处。潮州菜发源于潮汕地区，其选料考究、刀工精细，且烹调方式多样，追求色、香、味俱全，有中国最高端菜系之称。潮菜以烹制海鲜见长，汤类、素菜、甜菜最具特色，肥而不腻、淡而有味、食而不胖，注重清淡、养生、原汁原味，因而有“食在广州，味在潮州”的说法。客家菜菜品多用肉类，极少水产，主料突出，讲究香浓，下油重、味偏咸，以砂锅菜见长，有独特的乡土风味。此外，广东点心是中国面点三大特色之一，历史悠久、品种繁多，造型精美且口味新颖、别具特色。

粤菜用料十分广泛，不仅主料丰富，配料和调料亦十分丰富，讲求色、香、味、形，且以味鲜为主。粤菜具有三大特点：一是选料广博奇特，品种花样繁多，令人眼花缭乱。天上飞的、地上爬的、水中游的，几乎都能上席。二是刀工操作精细，口味偏清淡。三是博采众长，勇于创新。广东人思想开放，不拘教条，一向善于模仿创新，因此在菜式和点心的研制上，富于变化，标新立异。

广东的饮食得天独厚。自秦、汉开始，中原汉人不断南迁，带来了“食不厌精，脍不厌细”的中原饮食风格。漫长的岁月中，广东人既继承了中原饮食文化的传统，又博采外来及各方面的烹饪精华，再根据本地的口味、喜好、习惯，不断吸收、积累、改良、创新，从而形成了菜式繁多、烹调考究、质优味美的饮食特色。下面介绍五道有代表性的粤菜：

1. **白切鸡**

白切鸡

白切鸡是一道色、香、味俱全的特色传统名肴，因烹鸡时不加调味白煮而成、食用时随吃随斩而成名。白切鸡肉色洁白，皮带黄油，食时佐以姜蓉、蒜泥、酱油，以保持鸡肉的鲜美、原汁原味，别有风味。

2. **八宝冬瓜盅**

八宝冬瓜盅是一道色、香、味俱全的特色名菜。这道菜汤清色白，冬瓜鲜嫩柔软，味清香，是夏季时令汤菜。

八宝冬瓜盅

3. **蜜汁叉烧**

蜜汁叉烧是广东传统名菜之一。“叉烧”是从“插烧”发展而来的，将猪的里脊肉加插在烤全猪腹内，经烧烤而成。一只烤全猪最鲜美之处就是里脊肉。但一只猪只有两条里脊，难以满足需要。于是人们便想出插烧之法，将几条里脊肉串起来叉着来烧，并在表面涂抹蜜糖。久而久之，“插烧”之名便被“叉烧”所替代。

蜜汁叉烧

4. 潮州卤味拼盘

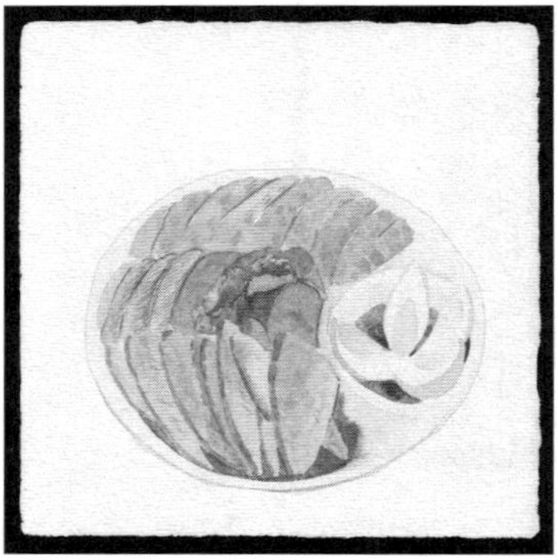

潮州卤味拼盘

卤味拼盘一般作为潮州菜宴席的首道菜，是食客评判潮州菜水平的重要标准。这道菜要做得好，关键在于卤水的使用。潮州卤水天下闻名，用几十味药材、香料、上汤熬制而成。潮州卤水食品包括卤水鹅、掌翼、五花腩、豆腐等，都是饮酒佐膳的佳肴。

5. 红烧乳鸽

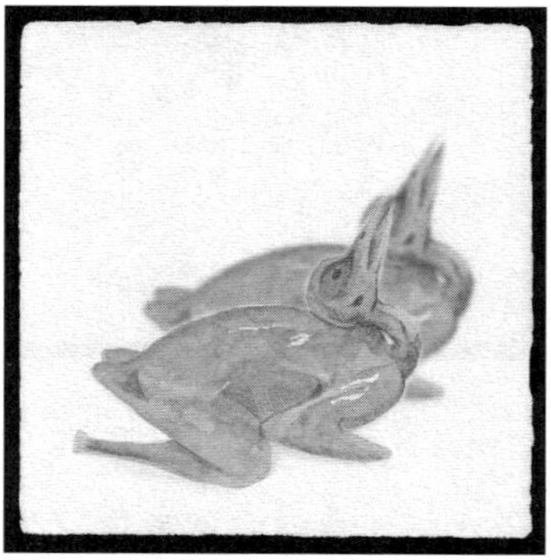

红烧乳鸽

红烧乳鸽是广东传统名菜之一。乳鸽的肉厚而嫩，滋养作用较强，用卤水浸至入味，再放进滚油生炸。其特点是皮脆、肉滑、骨嫩、多汁。

人间至味

干炒牛河

全世界的粤菜馆里都有一道干炒牛河。夸张点说，每个广东人都会做干炒牛河，小孩也会做，但是真正做得好的不多。在广东，干炒牛河是检验粤菜厨师技艺的标准。想知道厨师的功夫有多深，看他做的干炒牛河就知道了。合格的干炒牛河必须是看着有油却不出油，也就是说牛河吃完以后没有多余的油留在盘子里。

要做出完美的干炒牛河，首先要选好料。最好选用西江流域的米做的河粉，而且要选真正只用大米、没用任何添加剂制成的河粉。只用大米做的河粉炒完会自然地断开，且不会太碎。传说在一百多年以前，一些以打石为业的东江客家人，从粤东一带来到广州沙河谋生。这些打石的客家人家家户户都有一台石磨，他们用石磨把大米磨成粉，调以源于白云山的沙河水，蒸出又薄又韧的米粉，客家人自古至今一直把这种食品叫作“水粄（bǎn）”。他们在沙河大街一带开设了不少经营水粄的夫妻店，由于水粄价廉物美，人人都爱吃，生意便越做越旺。随着时间的推移，小店发展成了作坊，水粄制作工艺也日臻精巧，水粄的名声越来越大。由于水粄是用源于白云山的沙河水调以由大米磨成的粉加工而成的，当地人也就把其称为

“沙河粉”，简称“河粉”。

牛肉也有讲究，最好是选鲜嫩、没有太多筋的牛柳。豆芽要选银芽，即切头去尾的绿豆芽，有档次的广东菜里用的都是银芽，因为完整的豆芽口感粗糙。甚至连韭黄这样的配料也不能疏忽，必须选用靠近头这边的部分。切牛肉的时候要顺着纹理切片，不能太厚也不能太薄。切好以后就可以腌制了：取一个容器，放入小苏打、白糖、生抽、鸡精、淀粉，搅拌均匀之后放入牛肉，再次拌匀后，腌制至少 25 分钟。腌好的牛肉要过油，牛肉过油是很重要的步骤，可以让肉保持鲜嫩的口感。

炒过牛肉之后，锅里的油要尽量倒干净。接下来，就该河粉上场了。在这道菜中，河粉是第一主角，最好是用新鲜现做的，隔夜的河粉炒出来是碎的。河粉下锅后，慢慢地炒，炒到河粉收缩并卷起就下银芽，银芽下锅后马上就会出水，这些汁水很鲜甜，河粉炒干以后就会吸收银芽出的水。翻炒一会儿后加鸡精、白糖、生抽、老抽，继续用猛火炒匀。一定要一鼓作气，不能停留，否则河粉就会粘锅。老抽是甜的，大火炒就有焦糖的味道，所以很香。然后下煎好的牛肉，翻炒一会儿之后，临出锅前加韭黄和葱，炒至韭黄半熟就可以了。广东菜有一个说法是“生葱熟蒜，半命韭黄”，韭黄半熟时是最香的，所以韭黄和葱要最后入锅。炒好的牛河油润亮泽、香气十足。入口后，牛肉滑嫩、河粉筋道，牛肉的焦香味、河粉的米香味一起袭来。

干炒牛河

千古食趣

梅菜扣肉

梅菜扣肉是广东惠州客家地区的传统名菜，与盐焗鸡、酿豆腐同称为惠州三件宝。北宋年间，苏东坡居广东惠州，派出两名大厨前往杭州西湖学习杭帮菜，并把杭州的东坡扣肉作为学习重点。扣法从烹饪技法划分，应属蒸法。也就是说，扣法的原意是把已经处理的原料整齐拼砌在扣碗内，运用蒸汽加热至熟或烩软，最后覆盖在碟中，使用原汁淋上打芡而成热菜的一种技法。这种技法在各个菜系中的使用都较为普遍，但广东

梅菜扣肉

却把“扣”变成一种有别于“蒸”的独特的技法。广东的“扣”，是把不同的原料相间拼砌成圆包状，色彩相同、赏心悦目。广东的“扣”使用原汁淋上打芡成菜，不似汤菜、胜似汤菜。广东的“扣”最大的特点是把菜式加热成软焓状态，它的效果如炖菜，但又比炖菜多了几分芡汁的甘香。所以，广东的“扣”与“炖”是有别于“蒸”的两种技法。

扣肉在岭南传统中多以芋头去扣，而岭南最出名的芋头是荔浦芋头，所以又称荔浦扣肉。梅菜扣肉又有别于岭南荔浦扣肉，因为梅菜不是块状，所以不能拼砌成圆包状。传统的梅菜扣肉，所用的梅菜是惠州的梅菜心，其特点是韧、香、有嚼劲。在扣的过程中，梅菜心铺放在五花肉的上方，把烧好的五花肉拿出来，肉皮朝下整齐地码在碗里，倒入原汤，上笼蒸透，走菜时滤出原汤，把肉反转扣在盘中。所以上菜时，梅菜扣肉的梅菜都在碗底。这时的梅菜扣肉色泽金黄，清甜爽口，肉肥而不腻，菜软而含油，五花肉里渗入梅干菜的清香，而梅干又得肉香，十分诱人。

梅菜本来就是菜心干，那为什么称梅菜呢？传说当年一名叫阿牛的农民帮助了一个梅姓姑娘渡河，梅姓姑娘送给了阿牛一包菜籽，结果种出了这种特殊的菜心，于是当地人便把这种菜心称为梅菜。梅菜扣肉因为其制作要领是蒸法，所以在广东人看来，它属不寒、不燥、不湿、不热的中性菜，被传为“正气”菜，所以至今仍是广东酒楼最受欢迎的粤菜之一。

书人说吃

卤水鹅

我家的卤水鹅，十分有名。人人都说我们拥有全港最鲜美但高龄的陈卤。

那是一大桶半人高，浸淫（jìnyín）过数十万只鹅，乌黑泛亮香浓无比的卤汁。表层铺着一块薄薄的油布似的，保护那四十七年的岁月。它天天不断吸收鹅肉精髓（jīngsuǐ），循环再生，天天比昨日更鲜更浓更香，煮了又煮，卤了又卤，熬了又熬，从未更换改变。这是一大桶“心血”。

…………

我们用的全是家乡材料，有肉桂皮、川椒、八角、小茴香、丁香、豆蔻、沙姜、老酱油、鱼露、冰糖、蒜头、五花腩肉汁、调味料……再加大量高粱酒，薪火不绝。每次卤鹅，鹅吸收了卤汁之余，又不断渗出自身的精华来交换，或许付出更多，成全了陈卤。

（节选自李碧华《潮州巷——吃卤鹅的女人》）

节庆食俗

立秋——炖肉

立秋，在每年公历8月7、8日或9日，是秋季的第一个节气。“立”是开始的意思，“秋”是指庄稼成熟的时期。立秋表示暑去凉来、秋天开始，是一个反映季节的节气。

古人把立秋当作夏秋交接的重要时刻，一直很重视。民间关于立秋的饮食习俗都与预防疾病有关。民间有“苦夏”之说，由于天太热，人们什么都吃不下去，体重大多会减少。一旦立了秋，虽然还是热，但身上再无湿黏不适之感，毕竟凉爽的秋天到了，于是就开始萌发了做美食的想法，以补偿入夏以来的亏空。这个时候用吃炖肉的办法把夏天身上掉的膘（biāo）重新补回来，所以叫“贴秋膘”。

每到立秋这天，市场上卖得最好的就是肉。人们到市场上买一大块新鲜的猪肉，回到家里放上葱、姜、蒜、花椒、料包等，用文火炖，炖出来的肉香味扑鼻。其实，人们在这天吃炖肉，除了久远的风俗习惯以外，对养生保健也大有好处。因为夏天太热，人们会不自觉地偏食，这对人体的生态平衡是有影响的，于是通过吃炖肉的方法解决这个问题。在体内既补充了必要的营养和脂肪，又起到了增强抵抗能力的作用，同时料包内的各种中草药的中和，对人体更是起到了祛湿除瘟、平补平泻的疗效。

饮食词语

大快朵颐

快：古同“哙”，咽下去。朵颐：鼓动腮颊。指大吃大嚼，痛痛快快地大吃一顿。后来形容大饱口福、非常快活地享受美食。

例：来到了美丽的新疆乌鲁木齐，我在街头大排档大快朵颐，尽情享受烤羊肉串的美味。

第六课

湘菜

饮食夜话

李　芳：听说你要去湖南？

王　强：是，先去长沙，再去张家界。

李　芳：哇！太羡慕了！可以大饱口福了。

王　强：要不要一起去呀？

李　芳：想啊，可是没时间，请不了假。

王　强：你最喜欢吃什么？我替你尝尝！

李　芳：长沙的臭豆腐！据说中国各地有各种各样的臭豆腐，绍兴臭豆腐、南京臭豆腐、台湾臭豆腐，在当地都有口皆碑。但只有长沙臭豆腐，能作为一座城市的美食名片。

王　强：这你都知道！厉害！

李　芳：新鲜出锅的臭豆腐闻起来其实并不臭，散发的就是豆腐的清香味。用筷子戳一个口子，再把酱料浇进去，外脆里嫩……

王　强：你这么一描述，谁能忍得住呀！

李　芳：还有口味虾……

王　强：好好好，别说了，到时候我都替你尝尝！

臭豆腐

饮食讲坛

湘菜

湘菜就是湖南菜，是由湘江流域、洞庭湖区和湘西山区等地方的特色风味菜发展而来的。湖南省位于中国中南地区、长江中游南岸，自然条件优厚，利于农、牧、副、渔的发展，因此物产特别富饶，为湘菜的发展提供了前提条件。湘菜制作精细，用料比较广泛，口味多变、品种繁多；色泽方面油重色浓；品味上注重香辣、香鲜、软嫩；制法上以煨、炖、腊、蒸、炒等方式出名。

湘菜历史悠久，早在汉朝时就已经形成菜系，烹调技艺已有相当高的水平。在长沙市东郊马王堆出土的西汉墓中，不仅发现有鱼、猪、牛等遗骨，而且还有由酱、醋等腌制的果菜遗物。因地理位置的关系，湖南古称“卑湿之地”，多雨潮湿。辣椒有御寒祛风的功效，加上湖南人终年以米饭为主食，食用辣椒，可以开胃。吃的人多了，便形成了嗜辣的风俗。

辣味菜和腊味菜是湘菜的特色风味。以辣味强烈著称的朝天椒，是制作辣味菜的主要原料；而腊肉的制作在中国已有两千多年的历史。湘菜历来重视原料互相搭配，滋味互相渗透。湘菜调味，尤重香辣；技法多样，尤重煨烤。湘菜的煨功夫在各大菜系中更显技高一筹。煨，就是小火慢炖，原汁原味。有的菜晶莹醇厚，有的菜汁纯滋养，有的菜软糯浓郁，有的菜酥烂鲜香。许多煨出来的菜肴，成为湘菜中的名菜佳品。

湘菜分为官府湘菜和民间湘菜两种。官府湘菜的代表菜品以组庵湘菜为代表，组庵湘菜以“原材料选取精良、刀工处理精细、烹制技艺精湛、味道调和精准”的美食理念赢得了人们的青睐（qīnglài），被称为“湘菜之源”，代表菜有组庵豆腐、组庵鱼翅等。民间湘菜的代表菜品有剁椒鱼头、湘西外婆菜、东安鸡、金鱼戏莲、腊味合蒸、永州血鸭、宁乡口味蛇等。下面介绍五道有代表性的湘菜：

1. **毛氏红烧肉**

在中国，很多菜系都有红烧肉，而毛氏红烧肉有一个区别于其他红烧肉的特点——不放酱油。用糖色加盐代替酱油为肉着色调味，这样烹制出来的红烧肉独具风味。

毛氏红烧肉

2. **腊味合蒸**

湖南地方传统名菜，以腊猪肉、腊鸡、腊鱼和调料下锅清蒸而成。色泽红亮、腊香浓重、咸甜适口，是下饭菜的首选。湖南地区地势较低，气候温暖潮湿，新鲜的肉类食品不宜储存，但经烟熏后的腊肉却能防腐耐贮。渐渐地，百姓也养成了喜吃腊肉的饮食习惯。

腊味合蒸

3. 辣椒炒肉

辣椒炒肉

辣椒炒肉是以辣椒、五花肉为主要食材，配以豆豉、大蒜、酱油等调味料制作而成的一道菜肴，口味香辣。辣椒炒肉是湖南每家每户必吃的招牌“土菜”，是最具代表性的湘菜之一。

4. 湘西外婆菜

湘西外婆菜

外婆菜是湘西一道常见的家常菜。原料选自湘西地区的多种野菜，如马齿苋、萝卜丁、大叶青菜等。相传古时湘西人家的女儿出嫁时，母亲都会为女儿做上一份离家的菜。因为古时候出嫁的女儿，一般都很难再回娘家，于是在这份离家的菜肴中，包含了咸、酸、辣、脆、甜各种滋味，也代表了母亲对女儿出嫁的复杂心情。这道菜体现了母亲的一片爱女之心，于是代代相传下来。

5. 农家一碗香

农家一碗香

农家一碗香是一道家常湘菜，具有香辣的特点，非常下饭，深受人们的喜爱。这道菜不但味道特别好，而且烹饪方法也相对简单，五花肉搭配鸡蛋和青椒一起爆炒，青椒的香辣，再加上鸡蛋的嫩滑以及肉香，色、香、味俱全，让人无法拒绝。

人间至味

剁椒鱼头

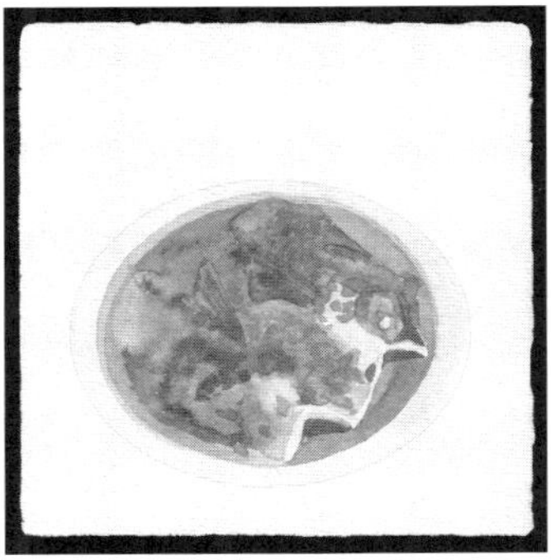

剁椒鱼头

湘菜中著名的剁椒鱼头，可以说是湖南的一张名片。在湖南的湘菜馆，不管大小，都有剁椒鱼头这道菜。火红的剁椒覆在白嫩的鱼头上，热气腾腾，香气扑鼻，色、香、味俱佳，使人胃口大开。

据说，清代著名学者黄宗宪为躲避文字狱，逃到湖南的一个小村子里，借住在一个农户家中。这家人很穷，买不起菜招待客人。幸好晚饭前农户家的儿子捞了条河鱼回来，于是女主人就用鱼肉放盐煮汤，再将辣椒剁碎后与鱼头同蒸。黄宗宪吃了以后觉得非常鲜美，对鱼头情有独钟。回家后，他让家里的厨师将这道菜加以改良，于是便有了今天的“剁椒鱼头”。

制作剁椒鱼头，剁椒是最为重要的配料。制作剁椒一般选用小米椒，这种辣椒比较辣，而且比较鲜。把小米椒剁成黄豆粒大小，这种大小可以保证辣椒的口感。将辣椒剁碎时一般是手工剁，不能用机器绞，否则会失去辣椒的清香。剁辣椒的时候要一边剁一边加盐（盐起腌制作用）。剁好的辣椒要入坛密封。经过 1 ~2 个月的发酵，辣椒的口感还是十分香脆。发酵好的辣椒出坛以后加入干豆豉、蒜、姜、胡椒粉和蚝油，拌好浇上烧热的油，可将辣椒的香味激出来。

鱼头要选 5 斤以上的鱼，这样才能保证鱼头够大、嫩肉够多。摆盘时鱼腹肉也要放入盘中，因为鱼这个部位的肉比较嫩。摆盘完成以后要加盐腌制一下，让鱼肉有咸味，并在鱼嘴里放入野山椒，增加鲜辣感。然后，将调好的剁椒淋在鱼上，保证鱼的每个部位都与剁椒接触。

剁椒鱼头出锅后，鱼嘴上翘，剁椒的清香和鱼头的鲜味浑然一体，完美地诠释了剁椒鱼头的精髓。

千古食趣

子龙脱袍

子龙脱袍

说起用鳝鱼（shànyú）做菜，不少人认为擅长者非江苏风味莫属。其实，湖南人烹鳝的本事不比长江一带的人逊色（xùnsè）。湖南人食鳝讲究在端午前后，湖南鳝肴有爆鳝片、炒鳝丝、红烧鳝段、红煨鳝鱼、油卤鳝松、清蒸鳝鱼、鳝鱼火锅等，尤其以去皮鳝丝炒制的“子龙脱袍”最具特色。

子龙脱袍是一道以鳝鱼为主料的传统湘菜。因鳝鱼在制作过程中需经破鱼、剔骨、去头、脱皮等工序，特别是鳝鱼脱皮，就好像是古代的武将脱下战袍，故将此菜取名为“子龙脱袍”。

子龙脱袍这道菜不光味美，具有营养、滋补价值，其中的饮食典故常让人们有食在“味外”的感觉。相传三国名将赵子龙英勇盖世，百战百胜。当曹操大军和刘备血战当阳长坂坡一带时，由于双方力量悬殊，刘备只好在众将的掩护下且战且退。赵子龙负责保护夫人和太子阿斗。眼看曹兵重重围困，夫人含泪嘱托赵子龙千万护阿斗杀出血路，为刘备保留一条血脉。说罢她便投井而死。赵子龙不负主子重托，怀揣阿斗左冲右突，终于冲出去。几经辗转后，最终找到了刘备。

当刘备看到赵子龙把鲜血染红的战袍从重伤的身上脱下来时，裹着的儿子阿斗还在酣睡之中。赵子龙将阿斗双手送到刘备怀里时，刘备一下子将儿子抛到地上，感慨地说："为了这个小东西，竟然差点损失我一员上将呀！"在场的将士无不为之震撼。后世的厨师为了对英雄赵子龙忠心救主的美德表示钦敬，创制了"子龙脱袍"这道菜，用鳝鱼来寓子龙之意。

中华老字号曲园酒楼的"子龙脱袍"这道菜一直受到名家推崇（tuīchóng）。此菜色泽艳丽，白、绿、褐、紫四色相映；鳝丝鲜嫩，香辣爽滑。

书人说吃

腊肉

腊肉就是经过制炼的腌肉，到了腊尾春头的时候拿出来吃，所以叫作腊肉。普通的暴腌咸肉，或所谓"家乡肉"，不能算是腊肉。

湖南的腊肉最出名，可是到了湖南却不能求之于店肆，真正上好的湖南腊肉要到人家里才能尝到。因为腊肉本是我们农村社会中的家庭产品，可以长久存储，既以自奉，兼可待客，所谓“岁时伏腊”成了很普通的习俗。

真正上好的腊肉我只吃过一次。……朋友家在湘潭城内柳丝巷二号。一进门看见院里有一棵高大的梧桐。里面是个天井，四面楼房。是晚下榻友家，主人以盛馔（zhuàn）招待，其中一味就是腊肉腊鱼。我特地到厨房参观，大吃一惊，厨房比客厅宽敞，而且井井有条、一尘不染，房梁上挂着好多鸡鸭鱼肉，下面地上堆了树枝、干叶之类，犹在冉冉冒烟。原来腊味之制作最重要的一个步骤就是烟熏。微温的烟熏火燎，日久便把肉类熏得焦黑，但是烟熏的特殊味道都熏进去了。烟从烟囱散去，厨内空气清洁。

腊肉刷洗干净之后，整块地蒸。蒸过再切薄片，再炒一次最好，加青蒜炒，青蒜、绿叶可以用但不宜太多，宜以白的蒜茎为主。加几条红辣椒也很好。在不得青蒜的时候始可以大葱代替。那一晚在湘潭朋友家中吃腊肉，宾主尽欢，喝干了一瓶“温州酒汗”，那是比汾酒稍淡近似贵州茅台的白酒。此后在各处的餐馆吃炒腊肉，都不能和这一次的相比。而腊鱼之美乃在腊肉之上。一饮一啄，莫非前定。

（节选自梁实秋《雅舍谈吃·腊肉》）

节庆食俗

七夕节——巧食

巧果

中国农历的七月初七是七夕节，被称为中国人自己的“情人节”，是传说中牛郎织女从鹊桥渡天河相会的日子。这天晚上，穿着新衣的少女们在庭院向织女星乞求智巧，称为“乞巧”。乞巧习俗起源于汉代，《西京杂记》中有“汉彩女常以七月七日穿七孔针于开襟（jīn）楼，人俱习之”的记载，这是我们于古代文献中所见到的最早关于乞巧的记载。后来的唐宋诗词中，妇女乞巧也被屡屡提及，如“阑珊星斗缀珠光，七夕宫娥乞巧忙”。据《开元天宝遗事》记载，唐太宗与妃子每逢七夕在清宫夜宴，宫女们各自乞巧，这一习俗在民间也经久不衰，代代延续。

人们心中的织女是个勤劳善良、心灵手巧的天仙，所以七月初七这天晚上，年轻的姑娘和少妇都要出来行拜祭礼仪，并向织女乞巧，希望自己也能像织女一样有双灵巧的手、有颗聪慧的心，过上幸福美满的生活。因为七夕节与女事关系密切，所以又叫“女儿节”，是中国传统节日中的妇女节。

七夕节有吃巧食的风俗。巧食的内容有瓜果和各式各样的面点，各地习俗不一。《东京梦华录》中记录了北宋汴京（Biànjīng）的巧食：“以油面糖蜜，造为笑靥（yè）儿，谓之果食，花样奇巧。”各种巧食做成后，都要陈列到庭院中的几案上，好像要请天上的织女来品评。然后大家一面观赏着遥远的夜空，一面吃着各种巧食，不但祈求心灵手巧，还祈求得到财富、早日有美满甜蜜的婚姻等。

中国各地的巧食也都不同。如杭州、宁波、温州等地，在这一天用面粉制作各种小型物状，用油煎炸后称“巧果”，晚上在庭院内陈列巧果、莲蓬、白藕、红菱等。胶东地区习惯用麦芽糖和面，做成圆形和半圆形的两种巧果，男人吃圆的，女人吃半圆形的。广州地区的人将谷种和绿豆放入小盒里用水浸泡，使之发芽，待芽长到二寸多长时，用来拜神，称为“拜仙禾”和“拜神菜”。

饮食词语

山珍海味

指山野和海里出产的各种珍贵食品。泛指丰富的菜肴。

例：人世间，山珍海味、美味佳肴应有尽有，但最令我痴迷的还是云南的“过桥米线”。

第七课

苏菜

饮食夜话

李　芳：我好想去南京看梅花呀！

王　强：是啊，梅花是南京的市花，南京种梅有 1500 多年的历史了。

李　芳：看来你也很了解啊，那我们一起去吧！

王　强：我要去的话，肯定是冲着美食去的……

李　芳：鸭血粉丝汤，对吧？

王　强：南京人自古盛行以鸭制肴，有“金陵鸭馔甲天下”之美誉。南京的鸭肴已有 1400 多年的历史了。据说没有一只鸭子能活着走出南京……

李　芳：太夸张了吧！不过，我朋友给我带过盐水鸭，是真的好吃。

李　强：除了鸭，还有甜点呢！桂花糖芋苗、桂花蜜汁藕、梅花糕、赤豆酒酿小圆子一同被誉为“南京四大街头小食”。

李　芳：都吃都吃！看完梅花，我们夜游秦淮河，吃遍夫子庙！

鸭血粉丝汤

饮食讲坛

苏菜

苏菜即江苏菜，在一些餐馆中，也常常会被称为“淮扬菜”。江苏地处长江下游，水土肥沃、物产富饶，饮食资源十分丰富。苏菜由徐海菜、淮扬菜、金陵菜和苏南菜四种风味菜组成，菜品精致，滋味醇和，是宫廷第二大菜系，备受国宴青睐。

苏菜风格清新雅丽，以重视火候、讲究刀工而著称，无论是工艺冷盘、花色热菜，还是瓜果雕刻，都显示了精湛的刀工技术。清鲜平和、追求本味、适应性强是苏菜风味的基调。无论是江河湖鲜，还是禽畜时蔬，都强调突出本味的一个“鲜”字。苏菜的特点是浓中带淡，鲜香酥烂，原汁原汤，浓而不腻，咸中带甜。

徐海风味以徐州菜为代表，流行于徐海和河南地区，和鲁菜的孔府风味较近。徐海菜咸鲜适度，清而不淡，浓而不浊（zhuó），非常注意食疗、食补的作用。徐海风味菜代表有羊方藏鱼（据说是以此菜创造出“鲜”字）、霸王别姬（鸡）、沛公狗肉、彭城鱼丸等。

淮扬风味以扬州、淮安菜为代表。淮扬风味菜既有南方菜鲜、脆、嫩的特色，又融合了北方菜咸、色、浓的特点，中和形成了甜咸适中、咸中微甜的风味。淮扬风味菜的刀工堪称一绝，精细的刀工、娴熟的拼摆，加上精当的色彩搭配，使得淮扬风味菜如同精雕细凿的工艺品。淮扬风味菜代表有清炖蟹粉狮子头、大煮干丝、三套鸭、文思豆腐、扬州炒饭、文楼汤包、水晶肴肉等。

金陵风味以南京菜为代表，主要流行于以南京为中心的地区。原料多以水产为主，注重鲜活，刀功精细，善用炖、焖、烤、煨等烹调方法，口味平和，鲜香酥嫩。菜品细致精美，格调高雅。南京菜以善制鸭馔而出名，素有“金陵鸭馔甲天下”的美誉。金陵菜以盐水鸭为代表。金陵小吃也以手工精细、造型美观、风味独特而出名。

苏南风味以苏州菜为代表，主要流行于苏州、无锡、常州和上海地区。苏南风味中的上海菜受浙江的影响比较大，现在有成为“沪菜”的趋势。早先的苏南菜重视甜出头、咸收口、浓油赤酱，现在已向清新雅丽方向发展，甜味减轻，鲜咸清淡。苏南风味擅长炖、焖、煨、焐（wù），注重保持原汁原味，花色精细，甜咸适中，酥烂可口。近年来以“无锡乾隆江南宴”“无锡西施宴”“苏州菜肴宴”和太湖船菜闻名。苏南名菜有苏式咕咾肉、松鼠鳜鱼、糖醋排骨等。苏州小吃也是中国四大小吃之一，是品种最多的小吃，主要有卤汁豆腐干、松子糖、苏州汤包等。

江苏菜式的组合颇有特色。除日常饮食和各类筵席讲究菜式搭配外，还有“三筵”具有独到之处。其一为船宴，见于大湖、瘦西湖、秦淮河；其二为斋席，见于镇江金山、焦山斋堂、苏州灵岩山寺斋堂、扬州大明寺斋堂等；其三为全席，如全鱼席、全鸭席、鳝鱼席、全蟹席等。下面介绍六道有代表性的苏菜：

1. **松鼠鳜鱼**

松鼠鳜鱼

这道菜为苏菜色、香、味兼具的代表之作。一是外形因为改刀油炸，形似松鼠蓬松的毛发；二是调汁趁热浇在鱼身上时，会发出“吱吱”的声音，也像是鼠的叫声，因此得名。相传乾隆皇帝下江南，微服至苏州松鹤楼菜馆用膳，厨师用鲤鱼出骨，在鱼肉上刻花纹，加调味稍腌后，裹上蛋黄糊，入热油锅嫩炸成熟，浇上熬热的糖醋卤汁，外脆里嫩，酸甜可口。乾隆皇帝吃后很满意，之后名扬苏州。

2. **霸王别姬（鸡）**

霸王别姬（鸡）

霸王别姬属于苏菜中徐海风味的传统代表菜。这是宿迁地区老百姓为纪念秦西楚霸王项羽以及大义凛然的绝代佳人虞姬（Yújī）而创制的菜，代代相传。这道名菜借鸡、鳖（biē）形象的烘托，使霸王别姬这一历史题材的含义更加委婉，意境甚妙。鸡、鳖肉质鲜嫩，汤浓味醇。

3. 大煮干丝

大煮干丝

大煮干丝又称“鸡汁煮干丝”，是一道既清爽又有营养的佳肴，属于扬州传统名菜，被外国来宾誉为“东亚名肴”。这道菜的由来跟乾隆皇帝下江南有关。据说乾隆皇帝下江南时，扬州地方官员聘请名厨为皇帝烹制佳肴，其中有一道“九丝汤”，是用豆腐干丝加火腿丝在鸡汤中烩制，味极鲜美，因为干丝切得非常细，能吸入各种鲜味。这道菜名传天下，后更名为“大煮干丝”。

4. 水晶肴肉

水晶肴肉

水晶肴肉是江苏省镇江市的一道传统特色名菜。该菜品成菜后肉红皮白，光滑晶莹，卤冻透明，犹如水晶，故有“水晶”之美称。食用时，具有瘦肉香酥、肥肉不腻、酥香嫩鲜等特点，佐以姜丝和镇江香醋，更是别有一番风味。该菜选用猪蹄为原料，腌制后，配以葱、姜、黄酒等多种佐料，以宽汤文火焖煮到酥烂，再经冷冻凝结而成，具有形态美观、清醇鲜香、油润滑爽、肥而不腻等特点，是苏南地区传统的风味名肴。

5. 文思豆腐

文思豆腐是一道有着悠久历史的江苏扬州传统名菜，始于清代乾隆年间，是扬州天宁寺的和尚文思所创。这道豆腐羹选料极严，刀工精细，软嫩清醇，入口即化，广获香客、游人的好评，逐渐成为扬州名菜。当地人以研创者为名，称“文思豆腐”。这道菜的精髓在于刀工。一块豆腐，经过横切、竖切，成了几千根豆腐丝，放入清水中润开，云雾般的形态，宛如一幅中国山水画。一眼看去，做好的文思豆腐，外形似菊花绽放；入口鲜滑无比，回味绵长。

文思豆腐

6. 软兜（dōu）长鱼

软兜长鱼

软兜长鱼，又称“软兜鳝鱼”，是江苏地区的传统名菜，属于淮扬菜中最负盛名的一道菜肴。据说古代氽制长鱼，是将活长鱼用纱布兜扎，放入带有葱、姜、盐、醋的沸水锅内，氽至鱼身卷曲、口张开时捞出，取其脊肉烹制。成菜后鱼肉十分醇嫩，用筷子夹起，两端一垂，犹如小孩胸前的肚兜带，食时，可用汤匙兜住，故名“软兜长鱼”。这道菜肉质鲜美、细腻嫩滑，口感清鲜爽口、蒜香浓郁。

人间至味

扬州狮子头

扬州狮子头，是用肥肉和瘦肉按一定比例剁碎搅拌而成再炖，炖到一定的时间，肥肉丁和瘦肉丁形成一个凹凸有致的疙瘩，如同中国古代园林中石狮子的头。如果把它盛在小碗里摇一摇，神形仿如狮子甩头一般。尝一口，肉香醇厚，汤汁清鲜怡人。

此菜历史悠久，源远流长。传说狮子头做法始于隋朝，原名“葵花斩肉”。隋炀（yáng）帝南下江南，对扬州园林胜景赞赏不已，回去后让厨师做出四个菜来纪念扬州之游。厨师费尽心思，做出了四道名菜：松鼠鳜鱼、金钱虾饼、象牙鸡条和葵花斩肉。隋炀帝品尝之后，非常高兴。于是这四道菜一时成为佳肴，传遍江南。

狮子头

到了唐代，一天，郇（Xún）国公韦陟（Wéi Zhì）宴客，府中的名厨也做了扬州的这几道名菜。当“葵花斩肉”这道菜端上来时，只见那用巨大的肉圆子做成的葵花心精美绝伦，有如雄狮之头。宾客们乘机劝酒道：郇国公半生戎马，战功彪炳，应佩狮子帅印。韦陟高兴地举杯一饮而尽说：“为纪念今日盛会，葵花斩肉不如改为‘狮子头’。”从此扬州狮子头就流传于镇江、扬州地区，成为淮扬名菜。此菜红烧、清蒸均可，脍炙人口。

千古食趣

羊方藏鱼

古人认为，鱼和羊是天下最“鲜”的食物，而把这两种食物同煮则更鲜。羊方藏鱼属于苏菜系，做法是将鱼置于割开的大块羊肉中，加上调料，蒸、炖皆可，其味鲜美无比。鱼鲜与羊鲜结合在一起，其味更鲜，羊肉酥烂味鲜，鱼肉鲜嫩。此菜的发明据说与“彭祖”这个在道教神仙中以长寿著称的人物有关。

据史书记载，徐州古称彭城，是彭祖的得姓之地，彭祖是大彭国国主，中华上古大贤，奉命八百岁，可称为中华养生学鼻祖。

相传在4300年前，彭祖的小儿子夕丁喜欢捕鱼。但彭祖担心他溺水而坚决不允许他去捕鱼。有一天，夕丁捕到一条鱼，害怕父亲责备，就要求母亲将鱼藏在正在烹煮的羊肉内，当彭祖品尝羊肉时，觉得羊肉异常鲜美。当彭祖弄清原因后便如法炮制，使得“羊方藏鱼”这一天下名菜流传至今，同时这也是“鲜”字的来源，成为徐州的特色名菜，被尊为“百馔之宗”。

羊方藏鱼

书人说吃

腌笃鲜

“素宜白水，荤用肥猪。”李渔在《闲情偶寄》中这样概括吃笋的诀窍。白灼之后，江南人用一碗腌笃鲜把“荤用肥猪”阐释得淋漓尽致。

“腌”说的是腌制过的咸肉，“笃”在吴语中是小火慢炖的意思，“鲜”则是指新鲜的春笋。鲜肉、咸肉、春笋，并不复杂的食材投入砂锅中慢炖，听着“咕嘟咕嘟”的声音，空气中的肉香和笋鲜弥漫开，时间一到，便可以出锅了。奶白色的汤头、嫩黄的春笋、嫩粉色的咸肉，喝上一口，鲜掉眉毛。

有了一块笋，有了一块咸肉，只需要再准备一点点鲜五花肉，就可以做腌笃鲜了。有人还要加一些青笋或者百叶结，我个人觉得大可不必，这三味合一的滋味已经足够。

春天没吃到腌笃鲜，那这个春天就白过了。

（节选自小宽《中国的味道》）

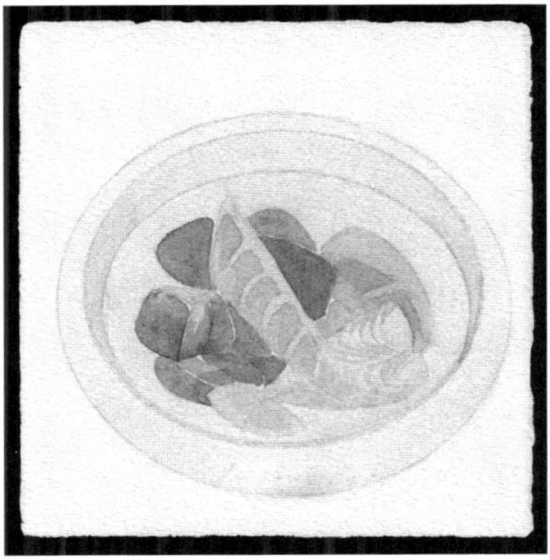

腌笃鲜

节庆食俗

中秋节——月饼

相传中国古代帝王有春天祭日、秋天祭月的礼制。在民间，每逢农历八月十五中秋节，就有拜月或祭月的风俗。“八月十五月儿圆，中秋月饼香又甜”，这句谚语道出了中秋之夜人们吃月饼的习俗。月饼最初是用来祭拜月神的祭品，后来人们逐渐把中秋赏月与品尝月饼作为家人团圆的象征，慢慢地，月饼也就成了节日礼品。

月饼最初起源于唐朝军队的祝捷食品。唐高祖年间，大将军李靖出征突厥（Tūjué）得胜，八月十五凯旋（kǎixuán）。当时有经商的吐鲁番人向唐朝皇帝献饼祝捷。唐高祖李渊接过华丽的饼盒，拿出圆饼，笑指空中明月说：“应将胡饼邀蟾蜍（chánchú）。”说完把饼分给群臣一起吃。

南宋吴自牧的《梦粱录》一书，已有“月饼”一词，但对中秋吃月饼的描述，至明代的《西湖游览志会》才有记载：“八月十五日谓之中秋，民间以月饼相遗，取团圆之义。”到了清代，关于月饼的记载就多起来了，而且制作越来越精细。

月饼发展到今日，品种更加繁多，风味因地各异。其中京式、苏式、广式、潮式等月饼广为南北各地的人们所喜食。

月饼象征着团圆，是中秋佳节必食之品。祈祝家人生活美满、甜蜜、平安。

另外，由于中国地域辽阔，民族众多，中秋节除了赏月、拜月、吃月饼等比较广泛的习俗外，各地也还有一些具有地方性的特殊习俗。

月饼

饮食词语

细嚼慢咽

本指慢慢地吃东西。比喻对内容仔细认真地品读，后引申慢慢去体味。

例：她吃饭总是细嚼慢咽的，看起来特别优雅。

第八课

浙菜

饮食夜话

王　强：“在这无尽温柔的时光里，尽情地漫步、发呆，让日子溜走。甚至，莫名期待一场春雨。撑一把油纸伞，走在青石板路上，或是乘坐一艘乌篷船，在河道缓缓前行……”

李　芳：太美了！你读的是什么？

王　强：介绍浙江古镇风情的文章啊。

李　芳：听了真让人动心。

王　强：浙江的每一个地方，都是人间天堂！既有诗意，又有烟火气。

李　芳：我知道，你又要说到吃的了！

王　强：我在电视上看过介绍浙江的小吃，有舟山海鲜面、宁波酒酿小圆子、杭州片儿川、吴山酥油饼……

李　芳：我就知道，你哪里是想去旅游，分明就是想去吃！

王　强：我们好好计划一下吧！

李　芳：行，跟你走，吃遍浙江！

饮食讲坛

浙菜

浙菜指的是浙江菜系，分别由杭州菜、宁波菜、绍兴菜、温州菜四种地方风味组成。浙江濒临东海，气候温和，水陆交通十分方便，又是大米和桑（sāng）蚕的主要产地。丰富的烹饪资源、众多的名优特产与卓越的烹饪技艺相结合，使浙菜富有江南特色。

“南料北烹”是浙菜的一大特色。贯穿南北的京杭大运河带来了北方的烹饪方法，使浙菜的口味南北交融。过去南方人的口味并不偏甜，北方人南下后，用北方的烹调方法将南方丰富的原料做得美味可口，同时影响了南方人的口味，菜中也放糖了。鲁菜“糖醋黄河鲤鱼”到杭州后，人们以鱼为原料，烹成浙江名菜“西湖醋鱼”。具有悠久历史的浙江菜品种丰富，菜式小巧玲珑，品尝起来鲜美滑嫩、脆软清爽，在中国众多的地方风味中占有重要的地位。

文化色彩浓郁是浙江菜的又一大特色。浙菜中许多菜肴都有着美丽的传说，如“宋嫂鱼羹”“清汤越鸡”“新风鳗鲞（xiǎng）”等。有些菜肴则以风景名胜为前缀命名，如“吴山酥油饼”“龙井虾仁”“西湖醋鱼”等。

浙菜非常讲究原材料的新鲜度，最好是应季食品。浙菜有许多烹饪手法，尤擅长炒、炸、蒸。炒的手法必须要求成品质地嫩滑，清爽不油腻；炸的手法要求外焦里嫩，火候恰到好处；蒸，则讲究火候配料，原汁原味。浙菜的菜品也极为讲究，注重摆盘精巧，给人一种视觉上的冲击感。制作浙菜的师傅，刀工极为精湛，体现了浙江厨师的烹饪技术与美学的完美搭配，得到广大食客的喜爱与赞叹。

在口味上，浙菜既不像粤菜那么清淡，也不像鲁菜那么浓重，而是注重本味。杭州菜、宁波菜、绍兴菜、温州菜中，以杭州菜名气最大。俗话说：“上有天堂，下有苏杭。”杭州自古以来就是风景胜地，饮食文化发达，出现了大量名菜名点。杭州菜以制作精细、色彩鲜艳、品种多样、口感鲜嫩而备受赞赏。“西湖醋鱼何处美，独数杭州楼外楼。”来到西湖，不上楼外楼，就不算真正领略到杭州的美味佳肴。下面介绍五道有代表性的浙菜：

1. 三丝敲鱼

三丝敲鱼是浙江温州家喻户晓的一道传统名菜，属于浙菜之瓯（ōu）菜。由于制作简单，几乎家家能做。此菜选用近海鱼或鲜黄鱼，去鱼头、尾、皮，切成针片，蘸上干淀粉，用木槌慢慢敲成薄鱼片，放在沸水里煮熟，加上鸡丝、火腿丝、香菇丝和烧熟的青菜心，成为现在的名肴。此菜鱼肉鲜嫩，色白汤清，香鲜可口，富有地方风味。

三丝敲鱼

2. **清汤越鸡**

清汤越鸡享有“菜中皇后”之誉，是浙江绍兴的汉族传统风味名菜。此菜据说是从春秋时期越国流传下来的，用绍兴的特产越鸡烹制而成，肉白嫩、骨松脆、汤清鲜。清朝皇帝乾隆游绍兴时吃过此菜，连声称好。此后，这道菜就成了朝廷的贡品。后来经过绍兴厨师的改进，加上火腿、香菇、笋片作辅料，更具特点。

清汤越鸡

3. **宋嫂鱼羹**

宋嫂鱼羹

宋嫂鱼羹为杭州四大名菜之一。此菜用鳜鱼或鲈鱼蒸熟取肉拨碎，添加配料烩制，因其形、味均似烩蟹羹菜，又称“赛蟹羹”，特点是色泽黄亮，鲜嫩滑润，味似蟹羹。据说，宋高宗赵构坐船闲游西湖时，见宋五嫂在西湖边卖鱼羹，高宗吃了她做的鱼羹，十分赞赏。从此，此菜广为相传，人们争相购食，宋嫂鱼羹也就成了杭州的一道名肴。

4. **冰糖甲鱼**

冰糖甲鱼是浙江宁波地区著名的传统菜肴。其口感鲜美肥腴，有入口甜、收味咸的特点。软糯润口、香甜酸咸，风味独特。此菜是一种滋补品，甲鱼与冰糖同炖，具有滋阴、调中、补虚、益气、祛热等功效。

冰糖甲鱼

5. **西湖醋鱼**

西湖醋鱼是浙江一道传统地方风味名菜，属于浙菜之杭帮菜。西湖醋鱼始制于南宋，相传出自“叔嫂传珍”的故事，前身为“宋嫂鱼羹”。宋高宗赵构乘舟游西湖，曾尝其鱼羹，赞美不已，于是名声大振，奉为脍鱼之“师祖”。西湖醋鱼色泽红亮，吃起来鱼肉嫩美、带有蟹味，酸甜可口，别具特色。

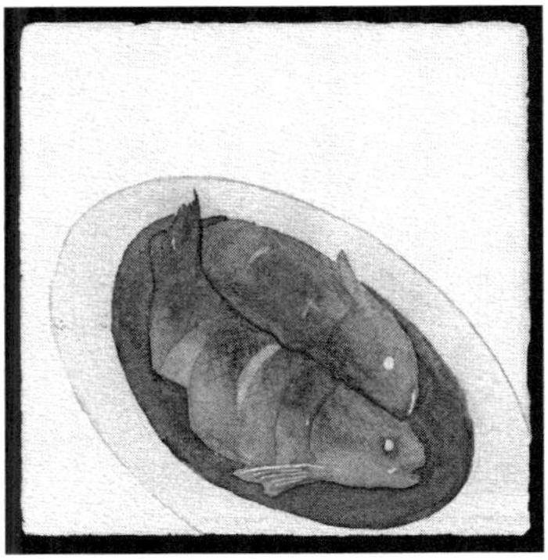

西湖醋鱼

人间至味

蟹酿橙

蟹酿橙

文人爱蟹，和蟹有关的菜肴都非常雅致。最有名的一道菜，就是蟹酿橙。蟹酿橙是史书上有记录的一道做给皇帝吃的菜。南宋绍兴二十一年（1151 年）十月，清河郡王张俊在自家的府邸里请宋高宗赵构吃饭，排场非常大，足足准备了 150 道菜，这些菜都被宋人周密记录在一本名为“武林旧事”的书里。这 150 道菜中有 15 盏下酒菜，其中第 8 盏叫“螃蟹酿枨（chéng）”，也就是我们现在说的蟹酿橙。秋天稻熟菊开，此时中国东南沿海各地，蟹已壮健，橙也黄熟。古人以为橙是饮酒食蟹时的最佳伴物。人们选择以橙配蟹，合二为一，饮酒时不必烦劳两头取，可以畅快食用，给人以舌尖上最愉悦的享受。

1984 年，杭州成立宋代古菜研究组，当时的杭州名厨们对南宋风味菜进行了各种研究与试烹，才让这道失传的菜肴重新回到餐桌上，之后更是登上国宴、走出国门，成为杭帮菜的代表之一。蟹肉的鲜香、佳酿的酒香、橙子的清香、陈醋的酱香、菊花的芳香……层次分明。唯有亲自品尝，方能知其味。可以说，蟹酿橙是对中国菜肴的一种异乎寻常的丰富，是对中国食谱的一种无与伦比的发展。

这是一道非常花工夫的菜，先把大闸蟹的蟹肉、蟹黄与蟹膏细细拆下，和姜末、米醋、橙肉、绍酒等配料一起炒匀，再放回到挖空橙肉的橙壳里去蒸。想想要塞满一个橙子，需要多少蟹肉才行！在蒸之前，可加入些许江南特有的香雪酒和杭白菊。香雪酒是绍兴黄酒的一种，既有白酒的浓香，又有黄酒的醇厚甘甜，拿来做菜能产生意想不到的香气，同时融合醋的酸，让整个菜的口味更加圆融。杭白菊的香气则是淡淡地藏在蟹肉和蟹黄带来的丰润口感之中，更添了一番风味。

有蟹、有橙、有酒、有菊，秋日的好，都在这一道菜里了。

千古食趣

东坡肉

“东坡肉”是以苏东坡的名字命名的经典菜肴。苏东坡是宋代有名的大文学家，他在诗文、书法等方面都有很深的造诣，对烹调菜肴也有研究。他不仅会做菜，还十分擅长烧肉，

东坡肉

他的许多诗文中都有关于饮食方面的内容。东坡肉最早是他在黄州时制作的，他在诗文中写了烧肉的经验："黄州好猪肉，价贱如泥土。贵者不肯吃，贫者不解煮。早晨起来打两碗，饱得自家君莫管。"但这道菜在当时并没有名称。后来，苏东坡到杭州做地方官时，他治理西湖，疏浚（shūjùn）六井，发动数万民工除葑田，疏湖港，把挖起来的泥堆筑了长堤，并建桥以畅通湖水，使西湖美景得以重现，又发挥了蓄水灌田的功能。因此，他深受杭州人民的爱戴。杭州的老百姓很感谢苏轼做的这些好事，夸他是个贤明的父母官。众人听闻苏轼在徐州和黄州时最喜欢吃猪肉，为了感谢他，大家就抬猪担酒来拜谢。苏轼觉得应该与参与疏浚西湖的百姓共享才好，就命家厨按照他总结的"慢着火，少着水，火候足时他自美"的经验烧制猪肉，然后把烧好的肉连酒一起，挨家挨户分送给百姓。谁知家厨把"连酒一起送"理解成了"连酒一起烧"，更没料到，以酒代水烧制出来的肉更加香酥味美，大家吃后无不称奇，并把这道肉菜亲切地命名为"东坡肉"。当时，杭州菜馆的老板们见东坡肉大受欢迎，便叫厨师模仿着去做。东坡肉迅速成了杭州大小菜馆的招牌菜，并在后来的实践中不断改进，流传至今。

而今，浙菜、川菜、鄂菜等菜系中都有“东坡肉”这道菜，但各地的做法却各不相同，有的先煮后烧，有的先煮后蒸，还有的直接焖煮收汁。正宗的东坡肉，主料用的是半肥半瘦的猪肉，成品菜都是码得整整齐齐的“麻将块儿”，红得透亮、色如玛瑙，入口软而不烂、肥而不腻。

苏东坡不仅爱吃、爱记录自己吃到的好吃的，也爱研究美食的门道，甚至自己动手发明新式菜肴。以他的名字命名的菜肴，至今都能在各地食肆吃到，比如“东坡肘子”“东坡豆腐”“东坡玉糁”“东坡腿”“东坡芽脍”“东坡墨鲤”“东坡饼”“东坡酥”“东坡豆花”“东坡肉”等。据说，历史上以“苏东坡”命名的菜品有66道，虽已不知哪些为原作，哪些为后世附会，但其中的故事依旧让人莞尔。

书人说吃

雪里蕻（xuělǐhóng）（又叫雪里红）

雪里蕻怎么吃呢？自古华山一条道，自古烧雪里蕻少不了肉挑大梁。雪里蕻是个苦底子，苦寒的冬天，苦咸的味道，非得加肉来滋养。切碎的肉末，肥多瘦少油水足，油锅坐火，姜片蒜瓣尖椒爆一爆，先下肉后下雪里蕻，咸辣鲜香，是下饭的小菜。

雪里蕻可以和豆腐一起做成汤。大雪封门的日子，连青菜们都冻得在菜地里一动不能动。豆腐还是有的，豆腐店不关门。母亲抓一把雪里蕻，嫩豆腐切块，一起下到滚水里，滚三滚，挖一大调羹猪油。我们舀豆腐雪里蕻汤泡饭，豆腐很嫩，雪里蕻很脆，豆腐很白，雪里蕻很黑，豆腐很淡，雪里蕻很咸，跟中国的水墨山水一样深浓浅淡，也跟中国的水墨山水一样清心寡欲。

（节选自唐玉霞《回味：美食思故乡》）

节庆食俗

重阳节——重阳糕、菊花酒

农历九月初九是中国的重阳节。九月初九两九相重，因此成为“重阳”。又因“九九”与“久久”同音，有长久长寿之含意。

重阳节的节令食品是“重阳糕”和“菊花酒”。重阳糕是一种特制的米粉糖糕，方块状，三块一叠，考究的要做九层，形似小宝塔，含重九登高之意，有的还要做两只小羊，象征“重阳（羊）”。卖重阳糕时，附赠重阳旗。重阳旗是用彩色纸做的小三角旗，上面戳有许多小孔，有的还印有字或花，用一根细篾（miè）儿做旗杆，插在糕上。

菊花酒是头年重阳节时专为第二年重阳节酿制的。重阳这天，采下初开的菊花和青翠的枝叶，掺入准备酿酒的粮食中一齐用来酿酒，放至第二年九月初九饮用。菊花酒在古代被看作可以延年益寿、祛灾祈福的重阳必饮琼浆。《西京杂记》曰："菊花舒时，并采茎叶，杂黍米酿之，至来年九月九日始熟，就饮焉，故谓之菊花酒。"菊花酒能疏风除热、养肝明目、消炎解毒，具有较高的药用价值。

重阳糕、菊花酒

饮食词语

锦衣玉食

锦衣：鲜艳华美的衣服。玉食：珍美的食品。指精美的衣食。形容豪华奢侈的生活。

例：你想过上锦衣玉食的生活，那你就必须更努力。

第九课

徽菜

饮食夜话

王　强：“一生痴绝处，无梦到徽州。”唉，一辈子想去人间仙境，可做梦也没想到人间仙境原来在徽州。

李　芳：徽州在哪里？

王　强：听说过黄山吧？

李　芳：知道，黄山归来不看岳！

王　强：徽州就在黄山下。

李　芳：那肯定很美了。

王　强：中国水墨画一样的风景，古色古香，白墙黑瓦……

李　芳：你一说，我仿佛看到了一幅画……

王 强：是不是很想去？

李 芳：徽州有好吃的吗？

王 强：当然有啦，“徽州第一怪，豆腐长毛上等菜”——毛豆腐！

李 芳：跟臭豆腐一样吗？

王 强：毛豆腐的外表有一层白色茸毛，可以清楚看到豆腐上的毛；臭豆腐的颜色为黑色，没有白毛。而且毛豆腐的味道跟一般的豆腐味道一样，不臭。

李 芳：那我可要去见识见识了。

毛豆腐

饮食讲坛

徽菜

如果说，提起川菜，人人都会想起麻和辣；提起苏菜，人人都会觉得鲜美；那么，提到徽菜，却很难用具体的词语去形容。吃过徽菜的人通常都会念念不忘那种口味，觉得非常特别。身为八大菜系之一的徽菜，这个“徽”字，既是安徽省的“徽”，也是徽派建筑的“徽”，还是风云一时的徽商的“徽”。古徽州，现今是安徽省黄山市的一个区。

徽菜的形成、发展与徽商的兴起、发迹关系密切。徽商起于东晋，唐宋时期日渐发达，明代晚期至清乾隆末期是徽商的黄金时代。那时，徽商人数之多，活动范围之广，资本之雄厚，排在当时商团的前列。徽商富甲天下，追求生活享受，又偏爱家乡风味，其菜品之丰盛，筵席之豪华，对徽菜的发展起了推动作用，可以说哪里有徽商哪里就有徽菜馆。明清时期，徽商在扬州、上海、武汉盛极一时，上海的徽菜馆一度曾达500多家，足见其覆盖面之广，影响力之大。在漫长的岁月里，经过历代名厨的辛勤创造、兼收并蓄，如今已集中了安徽各地的风味特点、名馔佳肴，逐步形成了一个雅俗共赏、南北咸宜、独具一格、自成一体的著名菜系。

绿树成荫、沟壑（gōuhè）纵横、气候宜人的徽州自然环境，为徽菜提供了取之不尽、用之不竭的原料。所以徽菜的第一个特点就是就地取材、以鲜制胜。徽州盛产山珍野味、河鲜家禽，就地取材使菜肴地方特色突出并保证鲜活。第二个特点是善用火候、火功独到。根据不同原料的质地特点、成品菜的风味要求，分别采用大火、中火、小火烹调。第三个特点是擅于烧炖、浓淡相宜。除爆、炒、炸、烩、煮等技法各有千秋外，尤以烧、炖及熏、蒸菜品而闻名。第四个特点是注重天然、讲究食补。徽菜重火、重油、重色，菜肴油浓色艳，汤浓味厚，质地酥烂，有“吃徽菜，要能等”之说。

徽菜由皖南、沿江和沿淮三种地方风味构成，以皖南菜为代表。沿江菜以芜湖、安庆的地方菜为代表，后传到合肥地区，以烹调河鲜、家禽见长。沿淮菜由蚌埠（Bèngbù）、宿州、阜阳（Fùyáng）等地方风味菜肴构成。皖南菜起源于黄山下的歙（Shè）县，即古代的徽州。后因新安江畔的屯溪小镇商业兴旺，饮食业发达，徽菜的重点逐渐转移到屯溪，并在此得到进一步发展。

徽菜尤其擅长利用食物自然霉变后的特殊味道，调味烹制出奇香无比的菜肴，令人留下难忘的印象，其中以腌鲜鳜鱼（也称“臭鳜鱼”）最为出名。而制作火腿，在徽州也是普及型的家庭技术，用火腿调味是徽菜的传统。徽菜具有浓郁的地方特色和深厚的文化底蕴，是中华饮食文化宝库中一颗璀璨的明珠。下面介绍五道有代表性的徽菜：

1. 火腿炖甲鱼

火腿炖甲鱼

火腿炖甲鱼也叫清炖马蹄鳖，是安徽省徽州地区传统名菜，以马蹄鳖为主料，配以火腿或火腿骨佐味，采用清炖的烹饪方法制作而成。明朝初年，徽州绅士将清炖马蹄鳖作为贡品，进贡给朱元璋皇帝，深得其好感。这道菜很快就成为珍品。

2. 问政山笋

问政山笋

问政山笋是安徽省的传统名菜，用歙县问政山所出产的竹笋炖烧而成。问政山笋质嫩味鲜，成菜后，脆嫩可口、笋味微甜，如同鲜笋一样。相传，南宋年间，徽商崛起，在杭州经商的歙县人，思乡情浓，常托人捎来问政山竹笋尝新，以解思乡之情。徽商将家人早起挖出的春笋剥尽笋壳切后放入砂锅，加江水，以炭火清炖，至杭州时打开砂锅，笋味香脆可口，如同在家吃鲜笋一样美味。这道菜从此便成为与徽商有关的思乡美食。

3. 黄山炖鸽

黄山炖鸽

黄山炖鸽是安徽黄山的特色传统名菜，取黄山菜鸽与黄山山药隔水炖制而成。此菜鸽肉滋味鲜美，山药松软细腻，略甜。此菜常被人们视作滋补菜品食用，是一道滋补健身的佳肴。

4. 徽州一品锅

徽州一品锅

一品锅是徽州人冬季常吃的特色传统美食，属于火锅类。此菜乡土风味浓，味厚而鲜。相传，此菜由明代石台县“四部尚书”毕锵(Bì Qiāng)的一品诰（gào）命夫人余氏创制。一天，皇上突然驾临尚书府做客，席上除了山珍海味外，余夫人特意烧了一道徽州家常菜。没想到皇上吃得津津有味，赞不绝口。后来，皇上得知这美味的火锅竟是余夫人亲手所烧，便说“原来还是一品锅”，于是菜名就此定了。“一品锅”的烹调比较讲究，在锅底铺上干笋子，第二层铺上肉，第三层是白豆腐或油炸豆腐，第四层是肉丸，第五层盖上粉丝、菠菜或金针菜，加上调料和适量的水，然后用文火煨熟即成。

5. **虎皮毛豆腐**

虎皮毛豆腐是徽州地区传统名菜。因利用豆腐进行人工发酵，让其表面生长出一层白色茸毛，故称“毛豆腐”。豆腐在发酵过程中蛋白质分解成多种氨基酸，味道较一般豆腐鲜美。茸毛煎后会在豆腐表面出现虎皮条纹，因而称“虎皮毛豆腐”。其做法是把毛豆腐入锅煎至两面金黄，再加调味品烧烩，食用时蘸辣椒酱。此菜鲜醇爽口，气味芳香，吃时别有一番情趣。

虎皮毛豆腐

人间至味

腌鲜鳜鱼

腌鲜鳜鱼又称“臭鳜鱼”，是徽州传统风味名菜。此菜香鲜透骨，鱼肉酥烂，风味独特，成名已有一百多年历史。每到重阳节鳜鱼上市，人们都以一尝此鱼为快事。过年的时候，徽州家家户户腌鳜鱼，取“富贵、年年有余”之意。臭鳜鱼虽是腌鱼，但吃过的人，都能吃出一个“鲜”字来。为什么腌鱼会鲜呢？

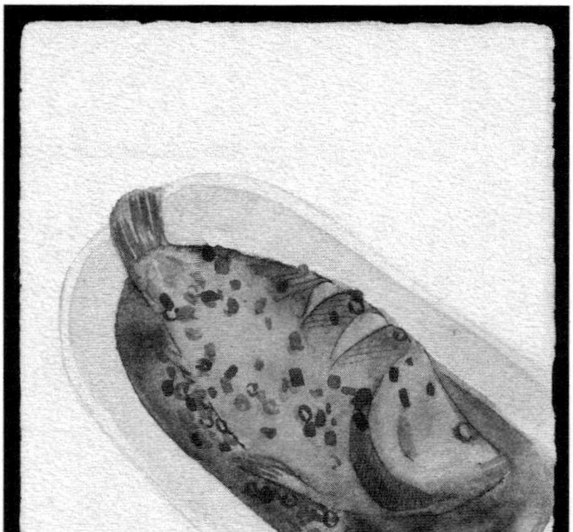

腌鲜鳜鱼

“腌鲜鳜鱼”的来历有个故事。据说古代徽州有一位官员很喜欢吃鳜鱼，他雇挑夫将活鳜鱼挑回徽州。从长江边挑到徽州来，至少要五天。挑夫们虽然日夜赶路，但仍有不少鳜鱼死了。为了保鲜，挑夫们就每天往桶中洒盐水。尽管如此，鳜鱼到达徽州时还是会有些轻微腐烂。意想不到的是，厨师加佐料红烧后，鳜鱼不仅不臭，还很鲜美，又带着特别的风味。在此基础上，徽州厨师经过研究和改良，徽味招牌菜“腌鲜鳜鱼”就此产生了。

做这道菜可以当天腌当天吃，鱼肉嫩滑且有弹性。腌鱼时要掌握好盐的用量，不可太咸，否则变成咸鱼；也不可太淡，否则鱼肉会腐败。将腌制好的臭鳜鱼洗净晾干，热锅冷油，煎至两面略黄后，捞出沥油。油锅中放入干辣椒、生姜、大蒜、少许五花肉片和笋片，煸炒出香，将煎好的臭鳜鱼下锅。放糖加酱油，淋少许料酒，加清鸡汤，旺火烧开后，用中火烧半小时。随后大火收汁，淋少许猪油，出锅前，撒上胡椒粉和葱花。臭鳜鱼是典型的“闻上去臭，吃起来香”，用筷子拨开鱼肉，经过发酵的鱼肉如同蒜瓣，可以一层层剥开，颜色温润如玉，肉质紧密，富有弹性，放到嘴里轻轻咀嚼，芳香顿时充盈口腔。

千古食趣

李鸿章大杂烩

李鸿章大杂烩又称“李鸿章杂烩”，是安徽省合肥市的一道传统名菜，该菜品始创于清光绪二十二年（1896年），相传与晚清名臣李鸿章有关。清光绪二十二年，李鸿章到俄国参加沙皇尼古拉二世的加冕典礼，之后前往欧美各国访问。一开始李鸿章还觉得外国菜很新鲜，红酒、牛排没少吃，可是久而久之，他就觉得有点腻了。来到了美国，他第一时间就告诉那里的中国厨子，晚上做点中国徽菜招待美国宾客。

意外的是，美国人十分喜爱徽菜，从没吃过中国菜的他们胃口大开，一连吃了十几盘都没下桌。就在这个时候，总管偷偷向他禀告：“中堂大人，后厨采购的菜已经吃完了，这下怎么办？”李鸿章想了一会儿，嘱咐后厨：“一会儿把撤下去的残菜混在一起，简单加热一下再盛在大盆里端上来。”总管领命后，便悄悄退去了，李鸿章脸色平静，似乎没把这件事放在心上。

不一会儿，一盆热腾腾的饭菜被端了上来，此菜看上去红润油亮，闻之香气扑鼻，食之鲜美可口，既能下酒、又能就饭。美国人不认识中国菜，一边吃一边拍手叫好。吃到兴起时，一个美国人问李鸿章这道菜叫什么名字，李鸿章一时语塞，只能不停地说“好吃多吃”。没想到的是，“好吃多吃”与英语大杂烩“hotchpotch”的发音相近，结果这道菜就被命名为“李鸿章大杂烩”。

如今的“李鸿章大杂烩”经过100多年的发展，食材比当初丰富得多，做法也比当年复杂。在传统的“大杂烩”制作工艺上加以改进，使用的原料更多，所做的新式“大杂烩”，咸鲜可口、醇香不腻。混合精华是“李鸿章大杂烩”这道菜的亮点。

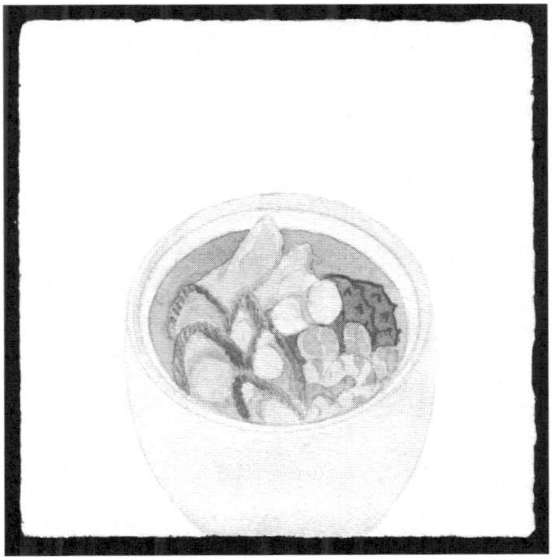

李鸿章大杂烩

书人说吃

排骨

我在北京天下盐餐厅创过一道“王献之排骨”，是我首创的中国书法宴的一道菜。王献之是魏晋时期著名书法大家王羲（xī）之的儿子，也是一位书法大家。先腌制排骨，然后进行卤制，再加调料炒制而成。做一铁丝钩穿进毛笔竹管中，再把一根根烹制好的排骨钓住悬挂于笔架之上，下面放置一只盛有蘸汁的砚台。当一架又一架的“王献之排骨”上桌，整个大厅就像在举办书法训练班似的。我在菜谱中这样写道：“大书家王羲之的儿子王献之用笔瘦挺，嶙峻（línjùn）外展，如排骨。从笔架上取下排骨有挥毫之感。”

除了江苏的“无锡肉骨头”，各大菜系几乎都有著名的排骨菜，四川有“烟熏排骨”“糖醋排骨”；陕西有“伞把排骨”；重庆有“腊排骨”；福建有“椒盐排骨”“串葱排骨”“红煨猪排”；广东有“豉汁蒸排骨”；浙江有“圆葱煎猪排”；山东有“烤猪大排骨”；湖南有“黄豆芽炖排骨”，等等。

（节选自二毛《味的道》）

节庆食俗

冬至——馄饨（húntun）

冬至为每年的 12 月 22 日，这一天的白天是一年中最短的。过了冬至，白天的时间便逐渐长了起来。冬至在古时是一岁之首，所以现在民间仍有“冬至大如年”的说法。

俗话道：“冬至馄饨夏至面。”冬至这天，许多地区家家户户都要吃馄饨，过去以为冬至吃了馄饨，冬天就不冻耳朵，这当然只是一种牵强附会的说法而已。据史料记载，早在南宋时人们就有吃馄饨以祭祖之风俗。那么，馄饨又是怎样与祖先有联系的呢？

原来，古人将馄饨这种小食附会于有关混沌的神话。在中国古代神话中，混沌是有关开天辟地的一位重要的神话传说人物。而开天辟地的人物，必定是受后世敬仰和纪念的祖先，这大概是古人将馄饨与祖先联系在一起的缘故吧。

明清时代，江浙人在冬至日已改吃汤圆，而擅长做面食的北方人仍维持着冬至吃馄饨的习俗。中国台湾地区的人们在冬至日吃“圆仔汤”。冬至日前夜，家家户户要做红、白两种米圆，称为“冬节圆”。吃过晚饭后，全家老少围在一张大桌子旁搓圆仔。冬至清晨，家家以煮熟的圆仔汤三碗或五碗供奉厅堂、井头、灶头等。一方面是敬神，另一方面向祖宗报告冬天的来临，然后全家吃圆仔汤，意味着团圆和添岁。

馄饨

饮食词语

箪食瓢饮（dānshí – piáoyǐn）

箪：古代盛饭的圆形竹器。瓢：古代剖葫芦做成的舀水或盛酒工具。原义是用箪盛饭吃，用瓢舀水喝。旧时常用来形容读书人能够安于贫困，保持高尚的道德情操和快乐的生活态度，后多指清苦的生活。

例：虽然他过的是箪食瓢饮的生活，但他自得其乐，感到生活很幸福。

第十课

闽菜

饮食夜话

王　强：你在看什么看得这么入神？

李　芳：厦门的小吃介绍，好多品种啊！你吃过土笋冻吗？

王　强：土笋冻？是一种笋吗？

李　芳：不是，你过来看。像果冻一样，但是里面的东西有一点丑。

王　强：这个啊，我吃过！

李　芳：哇！是什么味道？

王　强：蘸着酸醋、蒜蓉、酱油或沙茶酱吃，还挺特别的。你说的那个有点丑的东西是生长在海滩泥沙中的一种软体小动物——海沙虫，因形似“小笋”，当地人叫“土笋”。

李　芳：呀，小虫子呀！那我不敢吃。

王　强：不是真的虫子啦，算是海鲜的一种。一两句说不清，等你尝了就知道了。

李　芳：嗯，虽然有点害怕，但是有机会我一定会尝尝。

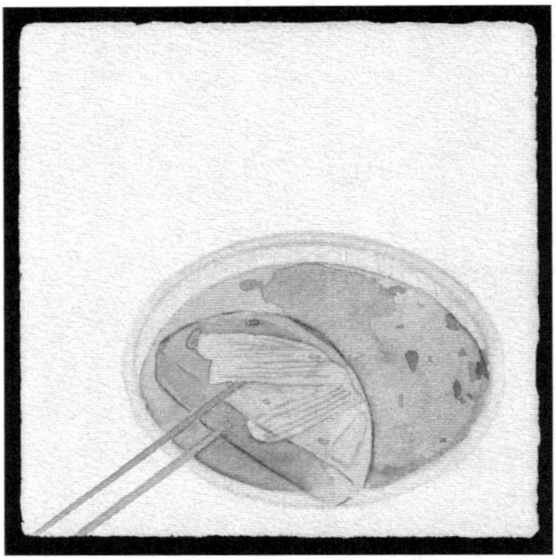

土笋冻

饮食讲坛

闽菜

闽菜指的是福建菜。福建位于中国东南部，终年气候温和，雨量充沛，四季如春。山区林木参天，翠竹遍野，溪流江河纵横交错；沿海地区海岸线漫长，浅海滩辽阔。这里盛产瓜果，还有山珍海味。福建人民利用这些得天独厚的资源，烹制出珍馐佳肴，并逐步形成了别具一格的闽菜。

闽菜由福州、闽南和闽西三种风味的地方菜组合而成。福建人经常往来于海上，饮食习俗也逐渐形成带有开放特色的一种独特的菜系。闽菜有三大特色，一是擅于用红糟调味，二是很会制汤，三是多用糖醋。

福州菜是闽菜的主流，有“福州菜飘香四海，食文化千古流传”之称。选料精细，刀工严谨；讲究火候，注重调汤；喜用佐料，口味多变。福州菜汤菜众多，变化无穷，有“一汤十变”之说，其中以“佛跳墙”最为有名。福州菜的调味，偏于甜、酸、淡，喜加糖醋，比较有名的菜有荔枝肉、醉排骨等，都是酸酸甜甜的。这种饮食习惯与烹调原料多取自山珍海味。菜品善用糖，用甜可去腥腻；巧用醋，成菜酸甜可口；味偏清淡，则可保持原汁原味。

闽南菜具有清鲜爽脆的特色，多使用辣椒酱、沙茶酱、芥末酱等调料。闽南菜的代表有海鲜、药膳和南普陀素菜。闽南药膳最大的特色就是以海鲜制作药膳，利用本地特殊的自然条件，根据时令变化烹制出色、香、味、形俱全的食补佳肴，如当归牛腩、姜母鸭、莲子猪肚等。南普陀素菜出自千年名刹——南普陀寺，是典型的传统寺庙素食，以米面、豆制品、蔬菜、蘑菇、木耳等为主料，出名的菜肴有40多种。每一道菜要么以色泽取名，如“彩花迎宾”；要么以主料取名，如“双菇争艳”；要么以形态取名，如“半月沉江”。闽南菜还包含了很多风味小吃，无论是海鲜类的海蛎（lì）煎、土笋冻等，还是肉食类的烧肉粽、炸五香等，或是点心类的油葱果、萝卜糕、面线糊等，都具有典型的闽南特色。

闽西菜盛行于“客家话”地区，以客家菜为主体，多以山区特有的奇味异品作原料，有多汤、清淡、滋补的特点，菜品普遍偏咸。酒醉河田鸡、连城白鸭汤、红菇米圆子等均鲜明地体现了山乡的传统食俗和浓郁的地方色彩。

闽菜的烹饪技艺，既继承了中国烹饪技艺的优良传统，又具有浓厚的南国地方特色。尽管各种风味菜肴各有特色，但仍为完整而统一的体系。下面介绍五道有代表性的闽菜：

1. 醉排骨

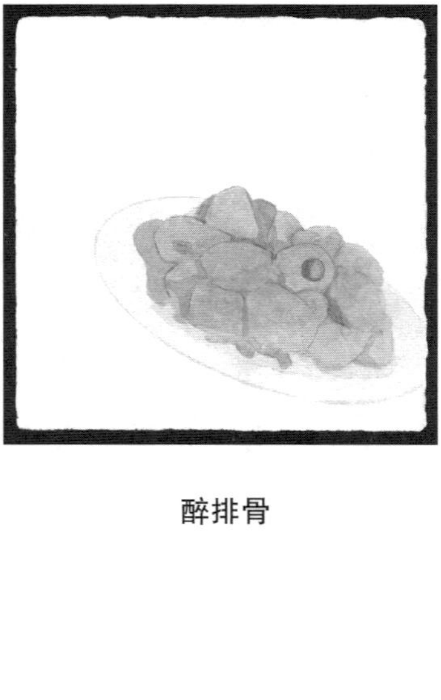

醉排骨

醉排骨是福建省福州地区的特色传统名菜。每逢过年过节，福州几乎家家户户都会做这道菜。醉排骨主料为排骨，加上马蹄、番茄酱、黄酒、酱油、白糖、香醋等制作而成，味道酸甜微辣。

2. 荔枝肉

荔枝肉是福建省福州、莆田等地的一道特色传统名菜。该菜品已有两三百年历史。因原料中有白色的马蹄和切成十字花刀的猪肉，烹调后外形似荔枝而得名。

荔枝肉

3. 红糟鱼

红糟鱼是一道色、香、味俱全的名肴，属于闽菜系。红糟也叫“红曲”，是福建的一种特有调料。用红糟腌制好的鱼也可以用蒸或者煮的方法食用，腌制好的鱼肉质发红。红糟本身带咸味，烹制时可以相应减少盐的用量。

红糟鱼

4. **海蛎煎**

海蛎煎

海蛎煎是一道常见的家常菜，起源于福建沿海，也是台湾、潮汕等地区经典的传统小吃之一。这种小吃是以加水后的番薯粉浆包裹牡蛎、鸡蛋、葱、香菜等食材所煎成的饼状物。闽南、台湾、潮汕三地基本同根同源，在台湾叫“蚵仔煎”，在闽南叫“海蛎煎”，在潮汕地区叫“蚝烙”。

5. **沙茶面**

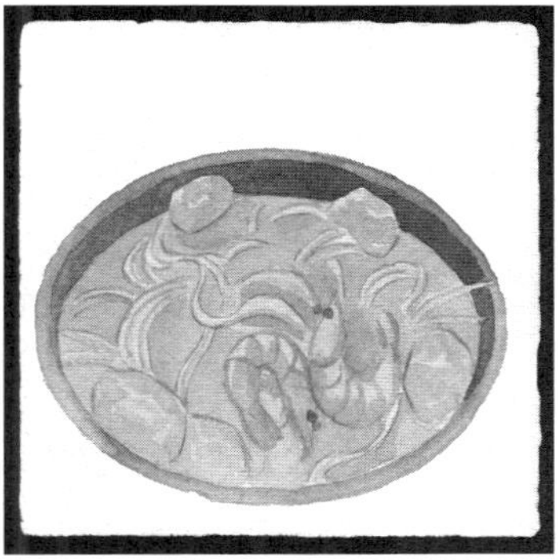

沙茶面

沙茶面是福建省厦门市的一道传统小吃。沙茶面源自海外华侨传回的东南亚菜系，主要原材料是沙茶酱和高汤，口味咸鲜微辣，带甜味。沙茶面的做法很简单，碱水油面放入笊（zhào）篱，下开水锅烫熟，捞到碗里，随自己的口味加入猪心、猪肝、猪腰、鸭腱、鸭血、大肠、鲜鱿鱼、豆腐干等辅料，最后淋上一直在大锅里滚开的汤料，一分钟之内一碗面就可上桌了，各地区做法略有不同。

人间至味

姜母鸭

姜母鸭起源于福建泉州，流行于闽南地区，而后传至中国其他地区如台湾等乃至海外，是福建一道地方传统的名小吃。它既能气血双补，搭配鸭肉又有滋阴降火的功效，使得此道药膳滋而不腻、温而不燥。

姜母鸭

姜母鸭，从菜名便能推断出，是由一把姜、一只鸭组成的一道美食。别看食材相当常见且价格不贵，要想做好姜母鸭，一般不是地道的泉州人是很难做出来的。性味互补的鸭与姜母具备药膳功效，不仅色香诱人，闻一下便垂涎欲滴，在春夏季节可以祛湿解暑，秋冬季节可以调理肺燥热，并且具有养胃健脾、舒筋活血等功效，特别是坐月子的女子，食用姜母鸭可以暖身补虚、活血化瘀，达到快速补充营养的效果。

据《中国药谱》及《汉方药典》两书所载，姜母鸭原系一道宫廷御膳，相传为商代名医吴仲所创，后来流传至民间，遂成为一款名菜。熟地、当归、川芎有补血活血功效，枸杞子有补肝益肾作用，党参、黄芪有补气的效果，老鸭可以滋阴降火。老姜除腥热身的药膳效果也是这道菜受闽南人普遍喜爱的主要原因。

姜母鸭也是闽南渔民在出海的时候能携带的易存食物。在海上食物缺乏，没有淡水，而用盐所腌制的鸭不容易变质，可放进食袋挂在腰间、背后，方便携带使用，并且可以补充营养，因此姜母鸭在沿海一带也被称为盐鸭。

千古食趣

佛跳墙

佛跳墙是闽菜的招牌菜之一，家喻户晓。许多人就算没有吃过这道菜，也听说过它的大名。它是高档菜肴的代表，被誉为“天下第一汤”，以昂贵的原料、复杂的烹调过程闻名，常常出现在顶级宴会上。

这道历史传统名菜相传源于清道光年间。此菜以十八种名贵主料、十多种辅料互为融合。其主料有鸡、鸭、猪肚、蹄尖、蹄筋、火腿、海参、鲍鱼、干贝、鱼肚、鸽蛋、香菇、笋尖、竹蛏等共三十多种，与辅料分别加工调制而成。

关于这道菜的起源及创始，说法颇多。据费孝通先生记载，有这样几说：一说，发明此菜者乃一帮要饭的乞丐。这些乞丐拎着破瓦罐，每天到处要饭，把饭铺里各种残羹剩饭全倒在一起。据说有一天，有一位饭店老板出门，偶然闻到街头有一缕奇香飘来，发现破瓦罐中剩酒与各种剩菜倒在一起。这位老板因此而受启发，回店以各种原料杂烩于一瓮（wèng），配之以酒，创造了佛跳墙。二说，福建风俗中有一个规矩叫“试厨”。按这规矩，新婚媳妇第一天上门，第二天回门，第三天须到夫家在大庭广众面前试厨，这是对新婚媳妇治家本领的测试。相传有一个从小被娇惯的女子，不会做菜，出嫁前为即将到来的试厨而发愁。母亲为女儿想尽了办法，最后把家藏之山珍海味都翻找出来，一一配制后用荷叶装成小包，反复叮嘱女儿各种原料的烹制方法。谁知这位新娘到了试厨前一天，慌乱中忘记了各种烹调方法。她见桌边有个酒坛，匆忙中将所带的原料都装入坛内，用包原料的荷叶包住了坛口，又把这酒坛放在了快灭火的灶上。第二天，把坛盖掀开，浓香四溢，这就成了佛跳墙。还有一说是认为此菜创于光绪丙子年。当时福州的一位官员，设家宴请当时的布政使周莲。这位官员的内眷是一位烹调高手，她以鸡、鸭、猪肉一同放入绍兴酒坛内煨制，上桌后香气扑鼻。周莲品尝后赞不绝口，命家厨郑春发仿制。郑春发求教于官员内眷，回来改造原料，多用海鲜少用肉，起名为“坛烧八宝”。

据称，这道佛跳墙前后共改换过三个菜名。刚开始叫“坛烧八宝”，后来叫“福寿全”，最后才叫“佛跳墙”。至于从“福寿全”改为“佛跳墙”，据说是此菜在聚春园成为佳品后，经常有文人墨客闻名而来。这些文人品尝后，赞叹不已，免不了要以诗助兴。一天有一帮秀才宴饮之余，轮流赋诗。其中一位赋诗曰："坛启荤香飘四邻，佛闻弃禅跳墙来。"意思是此菜香味太诱人，连佛都动了凡心，因此改名"佛跳墙"。

此菜食物多样，软糯脆嫩，汤浓鲜美，味中有味，回味无穷，营养丰富，并能明目养颜、活血舒筋、滋阴补身、增进食欲。

佛跳墙

书人说吃

润饼

润饼是福建薄饼的泉州叫法，台湾地区也叫润饼，是我百吃不厌的地道小食。

润饼，各家做法不同，基本材料有红萝卜、冬笋、高丽菜、荷兰豆、蒜子、韭菜、唐芹、芫荽（yánsuī）、香菇、木耳、豆干、虾仁、蟹肉、煎蛋、鱼肉、瑶柱、花生糖末、春卷肉，当然还有不可缺少的浒苔。浒苔不好的话，润饼就做不成了。

把材料炒了又炒，一大堆，吃不完第二天翻炒更美味。包润饼的时候，先把薄饼皮铺在平碟上，拿数根蒜子，把一头拍扁，当成一根刷子，蘸了甜面酱，涂在饼皮上。这时，可另涂蒜蓉或辣椒酱，再撒上花生糖末，放炒好的食材在上面，就那么包起来。

你会发现，泉州的薄饼不是包死的，一头还开着，为什么？那就是方便把炒好材料中的汁浇进去，这样吃起来才不会太干，是最正宗的吃法。

（节选自蔡澜《寻味中国》）

节庆食俗

腊八节——腊八粥

农历十二月被称为腊月，每年的腊月初八，是中国汉族传统的腊八节。腊八节又称“腊日祭”，从先秦起，腊八节当天要祭祀祖先和神灵，祈求丰收和吉祥。

腊八节这一天有喝腊八粥的习俗，中国人喝腊八粥的历史有 1000 多年。从宋代起，每逢腊八节这一天，不论是朝廷、官府、寺院还是百姓，家家户户都要做腊八粥，祭祀祖先，同时合家团聚食用，并馈赠亲朋好友。

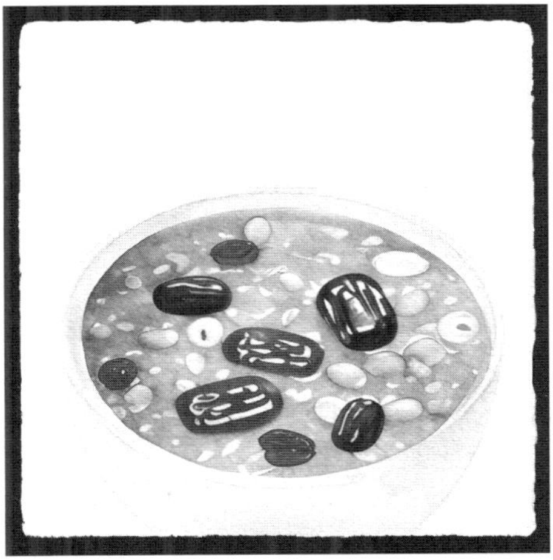

腊八粥

腊八粥是用八种当年收获的新鲜粮食和瓜果煮成，一般为甜味粥；而中原地区的农家却喜欢吃腊八咸粥，粥内除大米、小米、绿豆、豇（jiāng）豆、花生、大枣等原料外，还要加萝卜、白菜、粉条、海带、豆腐等。腊八粥煮好之后，要先敬神祭祖，再馈赠亲友，并且一定要在中午之前送出去，最后才是全家人食用。腊八粥保存着吃了几天还有剩下的，说明有好兆头，即“年年有余”。如果把粥送给穷苦的人吃，那更是为自己积德。

腊八节是典型的北方节日。在中国北方，有“小孩小孩你别馋，过了腊八就是年”之说，过腊八节意味着拉开了过年的序幕。每到这个时候，人们忙着泡腊八蒜、做腊八豆腐、吃腊八面、喝腊八粥。而在南方很少有人过腊八节。

饮食词语

齿颊生香

嘴边觉有香气生出。形容谈及之事使人产生美感。

例：我们提起唐诗，就有一种齿颊生香的感觉。

第十一课

中国茶

饮食夜话

李　芳：这茶真香！是什么茶呢？

王　强：龙井茶，来自杭州西湖边。

李　芳：嗯，真香！除了味道，还有什么特别的吗？

王　强：你看看！看这个杯子里的茶！

李　芳：啊，它还是绿绿的呢，没有变色。

王　强：对，这就是龙井茶特别的地方，冲泡以后能保持原来的颜色。

李　芳：那一定是用了特殊的方法。

王　强：这也是我喜欢喝绿茶的原因。

李　芳：你每天都喝茶吗？

王　强：一般饭后会泡上一杯。

李　芳：喝茶有什么好处呢？

王　强：好处可多了，常喝茶对身体好，对于女生来说，饭后一杯茶，不仅可以帮助消化，还可以美容、减肥。

李　芳：那我以后也跟你一样，饭后泡上一杯茶。

饮食讲坛

中国茶

无论是文人名士生活中的“琴棋书画诗酒茶”，还是平民百姓生活中的“柴米油盐酱醋茶”，都显示出茶是中国人生活中不可或缺的饮料。林语堂说过：“中国人最爱品茶，在家中喝茶，上茶馆也是喝茶；开会时喝茶，打架讲理也要喝茶；早饭前喝茶，午饭后也要喝茶。有清茶一壶，便可随遇而安。”

中国是茶的故乡，有着悠久的种茶历史、奇特的饮茶风俗、严格的敬茶礼节。中国人饮茶的历史大约从神农时代开始，距今已有四五千年。《神农本草经》中记载了“神农尝遍百草，日遇七十二毒，得茶而解之”。据说神农氏吃了一种草后不幸中毒，幸亏吃了茶叶才解了毒，这说明茶最初是具有药用功效的。春秋战国时期，茶作为饮料开始出现在史料中。秦汉之后，饮茶之风日盛，逐渐融入人们的日常生活之中。到了唐代，陆羽的《茶经》总结了唐代以及唐代以前茶叶生产、饮用的经验，探讨了饮茶用具、饮茶用水和煮茶艺术等。从此，中国人饮茶的艺术便日益精进。不单茶叶多种多样，茶具、烹茶的水和烧水的方法也日新月异。

茶叶是摘取茶树嫩叶制造而成的，因其制作工艺的不同，而分出绿茶、红茶、乌龙茶、白茶、黄茶、黑茶等不同的种类。所谓色、香、味俱佳的名茶，大都是优越的自然条件、优良的茶树品种、精细的采摘方法和精湛的加工工艺相结合的产物，享有很高的声誉，在市场上也占有重要的地位。

饮茶的习惯在中国可谓根深蒂固。唐朝中叶，一位幼年在寺院中度过的文人陆羽，将前人文献、著述中有关茶的记载与自己潜心研究的成果结合，完成了世界上第一部有关茶叶的著作《茶经》。这本书系统地记述了茶树的性状、茶叶的种类和品质以及采制方法、烹茶的技术及饮茶的用具和经验等，介绍了茶的起源，以及唐代以前的茶事、唐代茶叶的产地等情况，是一部有关中国茶文化的重要文献。宋代因品茶之风大盛，是历史上最讲究、最热衷于“斗茶”的时代，上至帝王将相、下至普通百姓都参与。不仅名茶产地及寺院有“斗茶”之举，就连集市买卖茶叶也要“斗茶”，并与茶叶市场交易联系在一起。历史上许多名茶、贡茶的产生，都与“斗茶”有着直接或间接的关系。

今人品茶、评茶、鉴茶的标准，很大程度上是由《茶经》和“斗茶”演变而来的。比如要泡一壶好茶，不仅要选上等茶叶，还要注意水质、水温、茶量与茶具等要素。古人认为，冲茶、煮茶以山上的泉水为最佳，江水、雪水、雨水次之，井水最差，用现代的饮茶观点解释，就是“水质”必须选用清新的软水（含矿物质较少者），忌用硬水。水温随不同种类的茶叶应有所变化，对大部分的茶种而言，以接近100℃的水冲泡为宜，但绿茶及轻发酵茶类则温度不宜过高，通常不宜超过90℃。茶量亦因不同的茶种而增减，从占茶壶容量的四分之一到四分之三均有可能。

至于茶具，不同种类的茶要用不同的器皿。花茶用瓷壶，方能保其茶香不失；绿茶原本清淡，最好用玻璃杯，既可保其香气，又可观赏茶色、茶形；而对于红茶和乌龙茶来说，最好用砂陶茶具。要真正领略到茶的真味和饮茶的乐趣，从中得到高雅的艺术享受，从而达到修心养性的境界，是需要很高的文化艺术修养的。因此，饮茶体现了一种中国式的生活美学。

喝茶的工具——杯、壶和茶灶，也有不同的品种。潮汕地区盛行工夫茶，选用上好的小陶壶和白瓷杯。小陶壶里装入乌龙茶和水，放在小炭炉或小酒精炉上煮。传统的工夫茶一般只有3个杯子，按客人的角度摆成“品”字形。茶煮好后依次斟满每一个小杯，称为“关公巡城”，客人就可以捧起香气四溢的小茶杯慢慢品尝了。工夫茶并不是为了解渴，而是一种敬客和叙友情的礼俗。

中国素有“客来敬茶”的礼仪，也有人主张以茶代酒。简单的奉茶之道，就是在为客人沏茶前，先询问客人的喜好；

沏茶的水不宜太热，以免烫伤客人；倒茶时有“酒满茶半”的规矩，以八分为宜。在主人给客人斟茶时，客人用食指和中指轻叩桌面，以致谢意。据说这个风俗是由清代流传下来的，不仅在中国本土很盛行，而且在东南亚华侨中也很流行。

潮汕工夫茶

中国六大茶类及其代表如下：

1. **绿茶**

绿茶是指摘取茶树的新叶或芽，不发酵，经杀青，或者整形、烘（hōng）干等典型工艺制作而成的茶。其制成品的色泽，冲泡后茶汤较多地保存了鲜茶叶的绿色主调。其代表茶有西湖龙井、洞庭碧螺春、黄山毛峰、六安瓜片、都匀毛尖、信阳毛尖、庐山云雾、太平猴魁（hóukuí）等。

2. 白茶

白茶属微发酵茶，指采摘后，不经杀青或揉捻（niǎn），只经过晒或文火干燥后加工的茶。因其成品茶多为芽头，满披白毫，如银似雪而得名。其代表茶有白毫银针、白牡丹等。

3. 黄茶

黄茶属轻发酵茶类，加工工艺近似绿茶，只是在干燥过程的前或后，增加了一道“闷黄”的工艺。按其鲜叶的嫩度和芽叶大小，分为黄芽茶、黄小茶和黄大茶三类。其代表茶有君山银针、蒙顶黄芽、霍山黄芽等。

4. 青茶（乌龙茶）

乌龙茶为中国特有的茶类，主要产于福建的闽北、闽南及广东、台湾，属于半发酵茶。它经过采摘、萎凋（wěidiāo）、摇青、炒青、揉捻、烘焙（bèi）等工序制出，品尝后齿颊留香、回味甘鲜。其代表茶有铁观音、大红袍、凤凰单丛、冻顶乌龙等。

5. 红茶

红茶属全发酵茶，以适宜的茶树新芽叶为原料，经萎凋、揉捻、发酵、干燥等一系列工艺过程精制而成。红茶因冲泡后的茶汤和叶底色呈红色而得名。其代表茶有祁（qí）门红茶、正山小种、滇红（云南红茶）等。

6. 黑茶

黑茶属于后发酵茶。因成品茶的外观呈黑色而得名。黑茶采用的原料较粗老，是压制紧压茶的主要原料。制茶一般包括杀青、揉捻、渥（wò）堆和干燥四道工序。黑茶的年份越久，口感越佳，价格越高，越具有收藏价值。其代表茶有云南普洱茶、广西六堡茶、雅安藏茶、安化黑茶等。

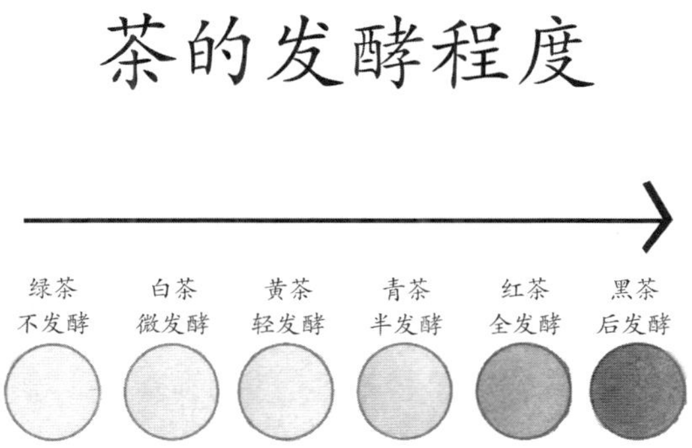

茶的发酵程度

人间至味

龙井虾仁

龙井虾仁，顾名思义，是配以龙井茶的嫩芽烹制而成的虾仁，是富有杭州地方特色的名菜。虾仁玉白、鲜嫩，芽叶碧绿、清香，色泽雅丽，滋味独特，食后清口开胃，回味无穷，在杭州菜中堪称一绝。

龙井，原名龙泓（hóng）。据说远在三国时就被人发现，泉水从石洞中汩汩流出，长年不断。传说明代掘井抗旱时，从井底挖出一块龙形大石头，于是便称为“龙井”。龙井一带产茶，在唐代已有记载。清代乾隆皇帝游江南时，不仅饱览了江南风光，还到过不少茶叶产地，品尝了江南各种风味的名茶。据说，乾隆皇帝到杭州狮峰胡公庙饮了龙井茶，赞赏茶味佳美、水色清冽、幽香四溢，便将庙前十八棵茶树封为“御茶”。

后来，乾隆皇帝将茶农进献给他的西湖龙井新茶带回行宫。御厨在炒“玉白虾仁”时，大概是受了别的西湖名菜的启发，将龙井茶叶入馔，从而在烹调技艺上进行了一次大胆创造。这道菜，不仅用料别出心裁，火候也掌握得恰到好处。制作时，御厨用油滑锅再下熟猪油后，立即放入上过浆的虾仁，约滑 15 秒钟，就倒入漏勺沥去油，再同用沸水泡过的新茶一起下锅，用料酒一喷，在火上一颠，即可起锅装盘。于是，就有了“龙井虾仁”这道名菜。

龙井虾仁

龙井虾仁菜品选材精细，茶叶要用清明前后的龙井新茶，味道清香甘美，不涩不苦；虾仁用河虾，细嫩爽滑，鲜香适口。这两种材料用猪油滑炒，有“菜形雅、虾仁嫩、茶叶香”的特点。

千古食趣

王安石辨水

王安石在当宰相时，为新政改革日夜操劳，老年患上了痰火之症，虽然服了药，但还是无法完全根除。太医院的医官嘱咐他喝阳羡茶，并且要用长江瞿（qú）塘峡（xiá）中峡的水煎服，这样才能发挥疗效。

阳羡茶容易得，可怎样才能取到中峡的水呢？

恰在此时，苏东坡赴黄州为官。王安石于是请苏东坡帮忙，他对苏东坡说：“如果你方便，经过三峡时，麻烦你在瞿塘峡的中峡取一瓮水，带给老夫，我的晚年，可以说是你苏东坡替我延长的了。”

苏东坡自然答应了。

不久苏东坡回京，想着要为王安石带水。

苏东坡在三峡中一边欣赏着两岸美丽的风景，一边作诗，不知不觉竟睡着了。等到他醒过来，船已经过了中峡。苏东坡要水手掉转船头再往中峡去，无奈水流太急，根本无法逆水行舟。水手对他说：“三峡前后相连并无阻隔，都是一样的水，为什么非要到中峡去取呢？”于是，苏东坡就让人就近取了下峡的水带回。

苏东坡到了京城，急忙将水送到王安石家。王安石命人将水瓮抬进书房，然后亲自用衣袖擦掉水瓮上的积尘，再打开上面的纸封，命家童生火烧水。在烧水时，王安石抓了一小把阳羡茶茶叶先放入杯中，等到水刚一沸腾，他立刻将水冲入杯中。

等了好一阵，杯中的水才见一点茶色。王安石问：“你这水是从哪里取来的？”

苏东坡答：“巫峡。”

王安石问："那么是中峡了？"

苏东坡答："正是。"

王安石笑道："你欺骗老夫了！此水是下峡之水，为何说是中峡之水？"

苏东坡大吃一惊，只得告知他实情。

苏东坡觉得很奇怪，问道："三峡相连，一样的水，老太师怎么能够分辨呢？"

王安石道："读书人必须细心观察，认真思考。这瞿塘峡的水性，在《水经补注》上有明确记载：上峡的水，水性太急；下峡的水，水性又太缓；只有中峡的水缓急适中。太医院的医官是名医，他知道老夫的病是中脘的病症，所以必须用中峡水来做药引，药才可能见效。用三峡水煮阳羡茶，用上峡的水泡，茶味太浓；用下峡的水泡，茶味太淡；如果用中峡的水来泡，那茶味就在浓淡之间，最为合适了。刚才冲泡，茶色半晌才开始出现，因此老夫知道是下峡水了。"

苏东坡心服口服，连忙离开座椅向王安石谢罪。

书人说吃

寻常茶话

昆明茶馆里卖的都是青茶，茶叶不分等次，泡在盖碗里。

文林街后来开了一家“摩登”茶馆，用玻璃杯卖绿茶、红茶——滇红、滇绿。滇绿色如生青豆，滇红色似“中国红”葡萄酒，茶叶都很厚。滇红尤其经泡，三开之后，还有茶色。我觉得滇红比祁（门）红、英（德）红都好，这也许是我的偏见。当然比斯里兰卡的“利普顿”要差一些——有人喝不来“利普顿”，说是味道很怪。人之好恶，不能勉强。

我在昆明喝过烤茶。把茶叶放在粗陶的烤茶罐里，放在炭火上烤得半焦，倾入滚水，茶香扑人。几年前在大理街头看到有烤茶罐卖，犹豫一下，没有买。买了，放在煤气灶上烤，也不会有那样的味道。

（节选自汪曾祺《一食一味》）

节庆食俗

小年——糖瓜

小年是中国汉族的传统节日，也被称为祭灶节，在不同的地方日期不同，北方为腊月二十三，南方为腊月二十四。

祭灶是一项在中国民间影响很大、流传极广的习俗。民间俗话说“小年到，三吃灶”，指的是在腊月二十三这天，家家户户都要请（买）一张灶王爷的像贴在灶前去旧贴新，然后供献上干粮、水果、灶糖、纸马、喂马的水和食料、香炉等祭品，敬香烧纸，希望作为一家之主的灶王爷“上天言好事，回宫降吉祥”，在玉帝面前多说好话，保佑来年一家人平平安安、大吉大利、五谷丰登。等灶王爷上天走了后，在腊月二十四，就要开始大扫除、写春联、剪窗花，准备干干净净过大年。

作为祭灶送灶的“灶糖”，是小年主要的特色美食，大多数地区讲究吃糖瓜，即麦芽糖的一种，放在嘴里一咬，又酥脆又香甜，还有黏性，寓意是给灶王爷嘴上抹了糖、又黏住了嘴，让他在玉帝面前只说好话、不说坏话。在杭州等地区，讲究用黏黏的糯米饭；在山东等地区，要吃“年糕”；在南方一些地区，讲究吃糯米粑、麻糖油糕；还有用米花糖、芝麻球等同样又甜又黏的美食来代替的。

糖瓜

饮食词语

粗茶淡饭

指粗糙简单的饭食。形容生活俭朴清苦。

例：粗茶淡饭，虽无华丽之色，但让人心安理得，饱含着朴素与自然。

第十二课

中国酒

饮食夜话

李　芳：酒对中国人来说有什么意义呀？

王　强：有气氛，热闹啊，开心啊！

李　芳：具体说来听听呗。

王　强：首先，从文化氛围来说，喝酒是为了祭祀，红白喜事必有酒，这是中华文化里特有的仪式感。其次，从情感因素来说，喝酒可以助兴也可以解忧。开心或者郁闷的时候，来一杯；亲朋好友聚在一起的时候来一杯；跟客户、老板应酬的时候来一杯，喝点小酒可以快速拉近关系、增进感情。

李　芳：是不是也有人天天喝酒？

王　强：当然也有啊，如果不过量，睡前喝杯小酒也是有益健康的。

李　芳：喝酒还能养生？

王　强：是人喝酒，不是酒喝人。喝酒的时候感到轻松、快乐和自由，那都是养生酒，哈哈哈！

饮食讲坛

中国酒

用谷物酿酒的传统，是中国酒的特色。中国的黄酒，也称"米酒"，作为世界三大酿造酒类（黄酒、葡萄酒和啤酒）之一，是世界上最古老的酒类之一。古书中所载有关酒的起源有很多种说法。民间普遍以杜康为酒神，认为是他造的酒。不过早在商代，中国人已普遍用谷物酿酒了。在近代的考古发掘中，发现过商代酿酒遗址。1980 年在河南商代后期古墓出土的酒（现存于北京故宫博物院），可以说是中国现存最古老的酒。中国地大物博，各地农作物品种、水质及酿酒技术的一些差异，造就了中国富有地域特色的各式佳酿。

古代中国人在酿酒技术上的一项重要发明，就是用酒曲造酒。原始的酒曲是发霉或发芽的谷物，主要是小麦和稻米，人们对发霉的谷物加以改良，就制成了适于酿酒的酒曲。这一种自然发酵的方法，历经数千年，其基本原理和方法至今仍在使用。利用这种方法酿酒，主要是凭借经验，生产规模一般不大，基本是手工操作，酒的质量并没有严格的科学检测标准。酒的生产原料，在北方是高粱、小米和黄米，南方则普遍用稻米（尤以糯米为佳），酒的度数一般为15°左右，酿造的时间越久，味道越清醇甜润。黄酒的颜色并不总是黄色的，还有黑色、红色的。在酒的过滤技术并不成熟时，酒呈混浊状态，古代人曾因此称之为“白酒”或“浊酒”。

最初的酒是人类采集野生水果剩余时，在适宜条件下自然发酵而成的，具有药效，是天然的“药酒”。因此，人们最初的饮酒行为应该是与养生保健、防病治病密切联系的。酒是温性的，古人喝酒一般都要温一下，这样更能发挥酒的暖身作用。秋冬季节天气寒冷，吃饭的时候人们会温点黄酒或米酒来喝，或者在做菜时添加少许黄酒，这都可以起到活血、驱寒、暖身的作用。在6—8世纪，由于简单蒸馏器的创制，中国的白酒（烧酒）出现了，这是很有代表性的蒸馏酒，是古代中国人对酿酒技术的又一贡献。19世纪后，中国传统的酿酒技术发生了巨大的变化，机械化水平大幅度提高，生产规模也随之扩大。由于物产的差异性，南北各地的制酒原料有所不同，几乎每个省区都结合本省人的口味，出产自己的名牌好酒。因此，中国的好酒不下四十种，其中四川“泸州老窖（jiào）”、贵州“茅台”、山西“汾酒”、陕西“西凤酒”等闻名海内外。

自古以来，酒就与中国人的日常生活密不可分。人们或用酒祭祀祖先，以示诚敬；或借酒自适，成就诗文；或亲朋宴饮，把酒言欢。酒在中国人的文化、生活中无疑是一个不可忽视的内容。“无酒不成席”，交朋友先喝酒，婚宴称“喜酒”，丧事喝“丧酒”，祝贺时喝“庆功酒”，小孩满月为“满月酒”，老人做寿为“寿酒”，春节喝“屠苏酒”，端午节喝“雄黄酒”，重阳节喝“重阳酒”，敬神祭祖都要喝“奠酒”。从“接风酒”到“饯别酒”，酒渗透到了中国人生活的方方面面。

酒与大部分中国文人有密切关系。史书中关于魏晋名士、唐代诗人好酒善饮的记载很多，是“酒与中国文化”的关联中最值得留意的两个方面。事实上，像竹林七贤“无事常痛饮”这样的情况并不多见，他们处在动荡不安的社会背景下，借酒浇愁、以酒避祸，酒后放狂言以表达对时政的不满，反映了乱世文人的无奈处境。唐朝诗人似乎都喜欢豪饮，诗中有酒、酒中有诗的李白、杜甫都是闻名中外的伟大诗人。由于中国诗歌、音乐、绘画、书法等传统艺术的抒情性都很强，酒能使人回归纯洁、本真的人性，激发艺术家的创作才华，因此令后人对酒、诗、文人三者之间的关系产生浪漫的遐想。

中国人讲究喝酒先要有酒兴，才能尽饮，饮酒是一种生活乐趣。“酒逢知己千杯少”，恰恰体现了中国人重视人与人之间和谐相处、愿意与他人分享快乐的人生态度。酒丰富了中国人的感情生活。猜拳行酒令、即席作歌、赋诗、唱和、起舞，是自古以来酒席宴饮的助兴游戏，也是中国饮酒风俗中最有特点的几种方式。中国人的好客，在酒席上发挥得淋漓尽致，人与人的感情交流往往在敬酒时得到升华。不少地方以酒迎客、以酒待客。故人重逢，好友相聚，饮上几杯，其乐陶陶，酒营造出一种温暖和谐的气氛。“喝酒干杯”的习俗在中国的南北各地都很盛行。酒席开始，主人往往先讲上几句话后，就开始第一次敬酒。主人先将杯中的酒一饮而尽，即所谓“先干为敬”，以示对客人的尊重。有时，主人还要依次向客人敬酒，客人也要回敬主人。客人之间也可以相互敬酒。敬酒时，敬酒的人和被敬酒的人都要起立，普通敬酒以三杯为度，客人喝得越多，主人就越高兴。一种有趣的心态是，敬酒时，往往都想对方多喝点酒，尤其是一些好客的少数民族，待客必豪饮。比如蒙古族在敬酒时，主人往往手捧酒碗，唱着祝酒歌，直到宾主尽醉方休。

酒，不仅融入了中国人的日常生活，而且人们借酒传达着不同的情感。可以说，人生百态，万般情怀，都可以化为杯中酒，其中的酸甜苦辣、乐趣妙处，唯有饮者自知，斟者意会。下面介绍五种有代表性的中国酒：

1. 黄酒

从黄酒产区分布的情况来看，历史上有名的黄酒产区及产品品类主要有以下几个：绍兴加饭酒（花雕酒）、福建老酒、江西九江封缸酒、江苏丹阳封缸酒、无锡惠泉酒、广东珍珠红酒、山东即墨老酒、兰陵美酒、秦洋黑米酒、上海老酒、大连黄酒等。

绍兴花雕酒

2. **白酒**

贵州茅台酒

白酒作为中国所特有的一种蒸馏酒文化，是日常生活中常见的酒类，人们常能在饭桌宴席上见到它的身影。按酒的香型可分为以下几类：

酱香型白酒：以茅台酒为代表。酱香柔润为其主要特点，发酵工艺最为复杂。所用的大曲多为超高温酒曲。

浓香型白酒：以泸州老窖特曲、五粮液、洋河大曲等酒为代表，以浓香甘爽为特点，发酵原料是多种原料，以高粱为主，发酵采用混蒸续渣工艺。

清香型白酒：以汾酒为代表，其特点是清香纯正，采用清蒸清渣发酵工艺，发酵采用地缸。

米香型白酒：以桂林三花酒为代表，特点是米香纯正，以大米为原料，小曲为糖化剂。

其他香型白酒：这类酒的主要代表有西凤酒、董酒、白沙液等，香型各有特征，这些酒的酿造工艺采用酱香型、浓香型或清香型白酒的一些工艺，有的酒的蒸馏工艺也采用串香法。

3. **啤酒**

啤酒并非中国所发明，19 世纪末期，啤酒进入了中国，最先引入啤酒技术的就是山东青岛这座城市，“青岛啤酒”是中国啤酒最早的品牌。此后，中国啤酒产业兴起，几乎每座城市都有自己的啤酒厂。哈尔滨的雪花、北京的燕京、上海的力波、福建的惠泉、桂林的漓泉、河南的金星、新疆的乌苏、兰州的黄河、陕西的汉斯、重庆的山城、四川的蓝剑……许多独具本地特色的啤酒品牌占领了人们的餐桌。

燕京啤酒

4. 果酒

果酒

中国的一些文献早就有关于桑葚（shèn）酒、葡萄酒、枣酒、柑橘酒、梅子酒、石榴酒、桃酒及梨酒等的记载，这些果酒以甜、酸、清、香的风味特色而为世人所喜爱。古代果酒的酿制方法，主要有以下三种：第一种是通过果子本身的糖分进行自然发酵；第二种是在果汁里加酒曲，像酿制米酒一样；第三种是将发酵后的酒入瓶蒸馏，成为烧酒型的果酒。

5. 药酒

药酒

由于酒具有行血脉、散寒气、通阳气的功效，因此在中国古代的医学发展史上，有“医”源于“酒”的说法。春秋时期《养生方》这本书中详细地记载着中国古代关于制作药酒的各种药材，以及服用药酒的剂量等，这也是人们所知道最早的关于酿制药酒的药方。在最早时期，药酒的应用和其他中药方剂一样，都没有命名。汉代以后，药酒命名的方法逐渐增多，比如以药酒主料命名的，如羌活酒、五精酒、五枝酒等；也有以人名命名的，如史国公酒、北地太守酒等；还有以主治功能命名的，如安胎当归酒、腰痛酒等。这类命名方法在传统药酒命名上占据一定的主流。也就是说，从汉代开始，药酒已经成为中药方剂的一部分了。

人间至味

茅台熟醉蟹

醉蟹为江苏兴化市的传统名产，历史悠久。这种醉蟹，色如鲜蟹，放在盘中，栩栩如生；其肉质细嫩，味道鲜美，且酒香浓郁，香中带甜，营养丰富。“茅台熟醉蟹”是在此基础上改良而成的，讲究制作周期、食用时期。

醉蟹的可口，来源于精雕细刻的制作，更来源于精益求精的选材。熟醉蟹，顾名思义就是把蟹蒸熟了再醉。从蟹的选择，到蒸煮程度，再到醉卤配置，和普通生醉蟹相比，这道熟醉蟹没有浓重的酒味和酱油味，反而带着淡淡的花果清香。蒸熟的蟹肉经过酒醉后，鲜嫩甜滑，晶莹的膏黄肥腴绵润，带有一点黄酒的香气。难怪有人吃完直呼“这熟醉蟹比清蒸的好吃多了”！

熟醉蟹

黄酒，是整个醉卤的基调，最为重要。首先选择手工冬酿的花雕酒。所谓冬酿，是在冬至前后下料酿酒，这是酿造黄酒的最佳时节。好的黄酒，带着温润的口感和馥郁的香气，将其融入大闸蟹中，创造出令人沉醉的味道。其次就是酱油。好酱油是熟醉蟹的鲜味来源，可使其色泽褐黄透香，鲜味双倍浓郁。

除了基础的葱、姜、八角、香叶、桂皮，用新鲜橙皮和柠檬替代传统的陈皮，增添花果香；用干话梅来增加适当的盐分，吃起来更清爽；还把白砂糖替换成了冰糖，让甜味的层次感更加饱满。最后倒入些许 53° 飞天茅台，起点睛提鲜之效。

细细品，可以感受到回味里带着一丝茅台独有的酱香。

茅台熟醉蟹已经成为近些年的“网红”食品，每年都有很多人惦记着这一口。

千古食趣

青梅煮酒论英雄

东汉末年，曹操把自己凌驾于皇帝之上，刘备、董承决心除掉曹操。但因为时机并不成熟，刘备怕曹操怀疑，便门也不出，每天就在后园种菜浇水。

到了青梅成熟的季节，有一天，关羽、张飞不在，刘备正在后园浇菜，曹操派人把刘备请去喝酒。

小亭里的杯盘已经摆好，盘里放着青梅和酒。曹操和刘备二人对坐，开怀畅饮。酒喝到高兴时，忽然天空阴云密布，骤雨将至。曹操的兴致很高，借着酒兴问道：“你经常游历在外，一定知道当世的英雄，不妨说来听听。”

刘备说：“我见识浅薄，怎么认得出谁是英雄呢？”

曹操说：“不要太谦虚。”

刘备说：“天下的英雄，实在是没见过。”

曹操说：“既然你没见过，那肯定也听说过吧。”

刘备说：“淮南的袁术，兵粮足备，能否称得上是英雄？”

曹操笑着说：“袁术已经是快入坟墓的人了，我早晚都会将他抓住的！”

刘备说：“河北的袁绍，四代中有三代是公卿，家中有很多故吏，部下有很多有能力之人，可否称得上是英雄？”

曹操笑着说：“袁绍这个人色厉内荏（rěn），有好计谋却优柔寡断，想要干大事却又过于爱惜生命，目光短浅，并非英雄。”

刘备说：“那你认为张绣、张鲁、韩遂等人又怎么样？”

曹操鼓掌大笑说：“这些都是庸庸碌碌之人，何足挂齿！”

刘备说：“除此之外，我实在不知道还有谁能称得上是英雄。”

曹操用手指着刘备，然后又指向自己，说：“如今天下的英雄，只有你刘备及曹操两人而已！”

听到这句话，刘备大吃一惊，以为自己的计划已被识破，手里拿的筷子不禁掉在地上。此时，正好雷声大作，大雨倾盆而下，刘备便趁机低头捡起筷子，假装从容不迫地说道：“刚才打雷被吓到了，连筷子都掉在地上了！”

曹操笑着说：“大丈夫也怕打雷吗？”

刘备说：“连圣人遇到迅雷烈风都变色，更何况我一个刘备呢？”从此以后，曹操就不怀疑刘备了。

书人说吃

听中医的话，多喝黄酒

“物无美恶，过则为灾”，谁也不能说喝酒一定是好的，谁也不能说喝酒一定就不好，因为每个人的肝和胃的平衡关系是不一样的。

请一定记住，酒是补肝、泻脾的，酒的度数越低，补肝的能力就越差，对脾的伤害就越小。如果你喝的是醪糟（láozāo）或者是米酒（就是浆）的话，既能滋养脾胃，也能解渴。

尽量不要喝啤酒，因为啤酒的阴寒之气太重。而且那种阴寒之气会渗到所有的三焦之间，喝着喝着肚子就大起来了，慢慢就变成我们现在所说的“啤酒肚”了。

中医提倡喝什么呢？要喝就喝一点儿味道醇香的黄酒。酒量大的、想多喝几杯的人，可以在酒里放个话梅；酒量小的人可以在酒里加点儿姜丝，而且还要喝温酒。因为如果我们所喝的酒温度低于人体体温，胃里就会感觉到凉，这样胃就需要给酒进行加温。

所以，喝温酒不伤胃，喝凉酒是最伤胃的，而且先伤胃，之后就会伤心——这些都是中国人几千年总结出来的宝贵经验。

（节选自徐文兵《饮食滋味》）

节庆食俗

除夕——年夜饭

除夕，是农历十二月三十日（小月是十二月二十九日）的晚上。意思是这个晚上，“月穷岁尽”，人们都要除旧布新。

旧俗在除夕敬祭天地祖先后，全家团聚吃“年夜饭”，称为“合家欢”“团年饭”。这一天，离家在外的游子都要不远千里赶回家来，全家人要围坐在一起过年、吃团圆饭。有时实在不能回家时，家人们也总是为其留一个位子，留一副碗筷，表示与他团聚。

江南人家吃年夜饭，桌上四冷盆、四热炒、一暖锅。年夜饭餐桌上必备一碗炒青菜，青翠碧绿，名为“长庚菜”；有的还备上落苏菜（以风干茄子为主料的菜）。落苏菜以风干茄子和其他蔬果烹成，吃年夜饭时大家第一口要先品尝这道菜。因吴音“落”与“乐”谐音。

春节期间的饮食一般都喜欢取吉利的用语。比如苏杭一带，年夜饭里蛋饺是不可少的，它象征“金银元宝”，同时还有一道菜是“肉炒笋丝”，叫作“丝丝齐齐”，蕴含事事顺意、样样齐备之意。此外，还要上一盘胖头鱼，但只吃中段，留头留尾，这叫“有头有尾”，寓意做事善始善终，一年到头，家事盛旺。

除夕食俗，北方吃饺子。守岁时包饺子，子时辞岁时吃，称为“更年交子（饺子）”。饺子中，有的馅里放糖，用意是吃了新年日子甜美；有的馅里放花生（称“长生果”），用意是吃了人可长寿；有一只饺子中放一枚制钱，用意是谁吃到了就会“财运亨通”。有的地方喜欢把面条和饺子同煮，叫作“金丝穿元宝”。不少地方在吃年饭的时候还搭配一些副食品，也是想讨个吉利的口彩，如吃枣（春来早），吃柿饼（事如意），吃杏仁（幸福来），吃豆腐（全家福），吃三鲜菜（三阳开泰），吃长生果（长生不老）等。

年夜饭

除夕“一夜连两年”，吃过年夜饭，一家人围坐在炉边桌旁，剥橘子，吃花生，叫作“守岁”。最后儿童向长辈辞岁，长辈给儿童发“压岁钱”。在有些地方，长辈在除夕深夜会把橘子、荔枝等果品置于小孩的床头枕边，名为“压岁果”，好让小孩年初一早晨醒来时，获得新春的欢乐。

饮食词语

琼浆玉液

指用美玉制成的浆液，在古代中国神话传说中饮了它可以成仙。比喻美酒或甘美的浆汁。

例：这种酒真好喝，好像琼浆玉液一般，充满了美好与神秘。

参考文献

［1］白子一．吃茶知味［M］．南京：江苏凤凰文艺出版社，2020.

［2］都大明．中华饮食文化［M］．上海：复旦大学出版社，2011.

［3］胡小伟．中国酒文化［M］．北京：中国国际广播出版社，2011.

［4］君淮．千古食趣［M］．南昌：江西人民出版社，2018.

［5］李朋．饮食文化典故：舌尖上的故事［M］．天津：天津古籍出版社，2013.

［6］刘军茹．中国饮食［M］．北京：五洲传播出版社，2010.

［7］刘学刚．舌尖上的节气［M］．北京：中华工商联合出版社，2015.

［8］牛建军，赵斌．中华传统饮食文化常识［M］．郑州：中州古籍出版社，2014.

［9］吴澎．中国饮食文化［M］．北京：化学工业出版社，2009.